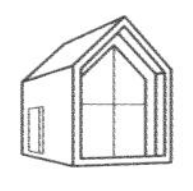

젊은 전원주택 트렌드 3

- 전원주택 집짓기의 시작 -

젊은 전원주택 트렌드 3

전원주택 집짓기의 시작

2020 년 11 월 4 일
초판 1쇄 발행

지은이 이동혁, 임성재, 정다운
편집 김 철
일러스트 한지현
표지 김정훈
주소 경기도 성남시 분당구 금곡동 25, 홈트리오 사옥 3층
전화_ 1522 - 4279 / 팩스_ 031 - 709 - 6788
전자우편_ hometrio@naver.com / 홈페이지_ www.hometrio.kr

펴낸이 이기봉
펴낸곳 도서출판 좋은땅
주소 서울 마포구 성지길 25, 보광빌딩 2층
전화_ 02 - 374 - 8616 ~7 / 팩스_ 02 - 374 - 8614
전자우편_ gworldbook@naver.com / 홈페이지_ www.g-world.co.kr

ISBN 979 - 11 - 6536 - 927 - 9

이 도서의 국립중앙도서관 출판예정도서목록(CIP)은 서지정보유통지원시스템 홈페이지(http://seoji.nl.go.kr)와
국가자료공동목록시스템(http://nl.go.kr/kolisnet)에서 이용하실 수 있습니다. (CIP제어번호 : CIP2020044204)

젊은 전원주택 트렌드 3

~ 전원주택 집짓기의 시작

건축가
이동혁 · 임성재 · 정다운 지음

좋은땅

HOMETRIO
월간 홈트리오

HOME
TRIO

For You

To. 행복한 집 짓기를 기다리는

에게

이 책을 선물합니다.

안녕하세요. 이동혁, 정다운, 임성재 건축가입니다.

전원주택 집짓기 시리즈가 벌써 다섯 번째를 맞이했습니다. 우여곡절 많은 시기를 지나 이렇게 결과물로 책을 출간하게 되니 감회가 새롭습니다.

젊은 전원주택 트렌드 시리즈는 그동안 봤던 주택의 이미지에서 탈피하고 다양한 콘셉트와 아이디어를 먼저 제시해 내 집을 짓고자 하는 예비 건축주님에게 도움이 되고자 만든 책입니다. 기획모델 및 실제로 지어질 주택들을 모아 구성한 책으로 보수적인 전원주택 건축 시장에 새로운 바람을 일으키고 싶은 것이 저희의 소망입니다.

내 집을 짓는다는 것 그리고 우리 가족의 보금자리를 짓는다는 것, 이것을 우리는 꿈을 짓는다고 표현합니다. 아파트처럼 똑같은 공간에서 살아가는 것이 아닌, 정말 우리 가족의 라이프스타일에 맞춘 집을 갖는다는 것. 아마 생각만으로도 설레고 가슴이 두근거리는 일일 것입니다.

옛말에 집을 한번 지으면 10년 늙는다는 말이 있습니다. 또한 집을 세 번은 지어봐야 내 마음에 드는 집을 가질 수 있다는 말도 있습니다. 집에 대한 여러가지 이야기들이 있는데 모두 동일하게 이야기 하는 것은 집 짓기가 어렵고 힘든일이라는 것입니다. 행복한 기억만을 가지고 집을 지어도 모자란데 힘든 일과 스트레스로 집을 짓는다면 그만큼 마음 아픈 일은 없을 것이라 생각합니다.

행복한 집짓기, 스트레스 덜 받는 집짓기 그리고 내 마음에 드는 집을 갖는다는 것, 건축가로서 그리고 건설회사의 대표로서 쉽지 않은 이 길을 여러분과 함께 동행하려고 합니다. 이 책이 나오기까지 많은 도움을 준 우리 직원 가족 여러분과 건축주 여러분께 이 책을 빌어 감사 인사를 전합니다.

단순히 설계 제안으로 그치는 것이 아니라 왜 이렇게 설계했고 어떤 장점이 있는지 그리고 이 집을 짓는데 정확히 얼마의 예산이 드는지에 대한 부분까지 이번 '젊은 전원주택 트렌드 3' 에서는 저희 건축가 셋의 고민 뿐 아니라 집을 지어야 하는 건축주님의 고민과 고뇌까지 담아 그 해결책을 조금이나마 찾길 바라는 마음으로 썼습니다.

마지막으로 저희가 항상 생각하고 되뇌이는 건축 철학인 '비 안 새고 따뜻한 집' 은 10년이 지나도 변하지 않을 것입니다.
단순하지만 튼튼하게, 예쁘지만 가성비 높게, 항상 초심을 생각하며 실용적이고 포근한 집을 계속 짓겠습니다.

감사합니다.

왼쪽부터 **정다운 건축가, 임성재 건축가, 이동혁 건축가**

당신의 꿈을 꼭 이루길 응원합니다

어릴 때부터 꾸던 꿈.
그 꿈을 언젠가는 이루리라는 생각.
하지만 녹록지 않은 현실 때문에 잊고 살았던...
나만의 집을 짓는다는 꿈.

시작을 결심하는 것만으로도 많이 고민했을 집짓기.
정답을 제시하지 못하지만
그 힘든 여정에 동반자로서 묵묵히 같이 걸어가려 합니다.

“아직 그 꿈, 포기하지 않으셨죠?”
“힘내세요!”
그 여정을, 당신의 꿈을 이룰 수 있는 그 길을 응원합니다.

차례

HOMETRIO

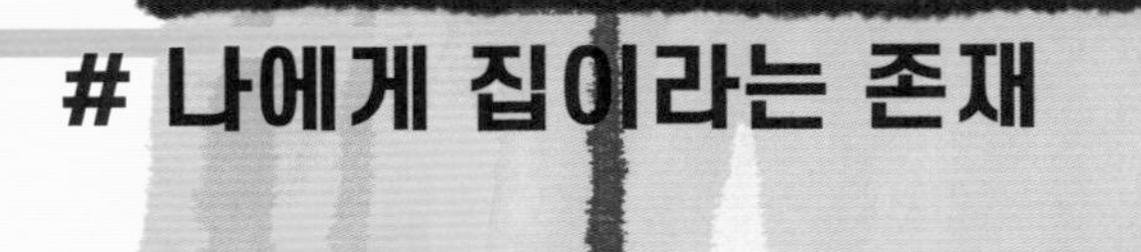

나에게 집이라는 존재

엄마 품 같이 포근하면서
언제나 뒤에서 든든한 버팀목이 되어 주었던 그런 존재.

익숙해져 버린 공간이기에 그 소중함을 몰랐지만
세월이 흘러 뒤를 돌아봤을 때 그리운 눈물이 흐르는 그런 존재.

어릴 때는 몰랐지만
어릴 적 추억을 엄마와 아빠가 고스란히 간직해준 그런 공간.

힘이 들 때 언제나 곁에서 보듬어준 그런 존재.

나에게 집이라는 존재는 내 모든 것과 같습니다.

HOME TRIO

프롤로그

장황한 이야기를 글로 쓰기보다는 간결하게, 어려운 전문용어를 덜어내 마치 그림책을 보는 듯 쉽게 볼 수 있도록 책을 만들었습니다.

"집 짓는 거 어렵죠?"

어느 광고를 보니 집 짓는것 하나도 어렵지 않다고 광고하던데... 정말 죄송하지만 10년 까지는 아니어도 집 짓다 보면 한 3년은 늙으실거에요. 어쩔 수 없어요 이게 현실이니까요.

하지만 포기하지 마세요. 하나하나 해결해 가다 보면 어느 순간 여러분이 그토록 원하던 드림하우스가 눈앞에 나타날거에요.

이 책을 읽는다고 100% 집을 잘 지을 수 있다는 보장은 없어요. 그러기 위해 만든 책이 아니거든요. 나와 우리 가족만을 위한 집 짓기의 시작을 함께 할 책으로 글을 썼고 시작부터 어려운 말과 도면으로 집 짓기를 포기하게 만드는 것이 아니라 용기와 힘을 줄 수 있는 내용들로 채워 넣었습니다.

글을 줄인다고 줄였지만 책으로 엮다보니 아직도 글이 많아요. 하지만 걱정 마세요. 글 하나도 안 읽어도 이미지와 도면 만으로 본문이 이해될 수 있도록 만들었어요.

편안히 보세요. 신경써서 보지 마세요. 쓱쓱 그림책 처럼 읽고 넘어가세요. 잘 때 머리 맡에 두고 숙면용으로 보세요. 절대 인상쓰면서 보지 마세요.

커다란 정보를 담지는 못했지만 이 책을 시작으로 여러분의 가슴 속에 작은 행복의 집짓기 씨앗이 생겨났으면 좋겠습니다.

여러분 파이팅입니다 !!

젊은 전원주택 트렌드 3

PART 01

1월, 소한(小寒)

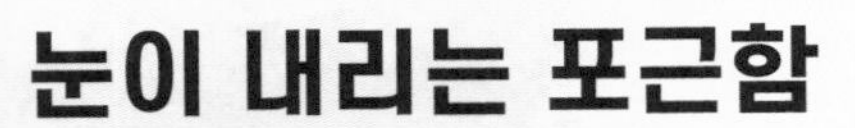

눈이 내리는 포근함

눈 내리는 추운 날, 이상하리만큼 포근함이 느껴져요.

몽실몽실한 함박눈이 내리는 모습을 보고 있으면
왠지 모르게 간질간질한 기분이 든답니다.

눈 쌓인 마당을 아빠와 같이 쓸기로 했어요.
계속 눈이 내리는데, 눈은 왜 쓰는지...

하지만 마당을 쓸고 난 후
마지막으로 눈사람을 만들 거니까 괜찮아요.

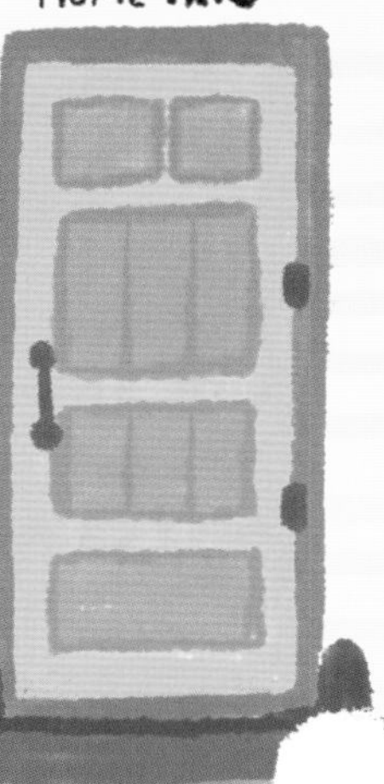

원주택 프로젝트 Vol.1

HOUSE **PLAN**

공법 : 경량목구조
건축면적 : 117.80 m²
1층 면적 : 63.70 m²
2층 면적 : 54.10 m²

지붕마감재 : 리얼징크
외벽마감재 : 스타코플렉스
포인트자재 : 파벽돌(청고벽돌)
벽체마감재 : 실크벽지
바닥마감재 : 이건 강마루
창호재 : 이건 알루미늄 3중 시스템창호

예상 총 건축비 _
239,000,000 원

- 부가세 포함, 산재보험료 포함
- 설계비, 인허가비, 구조계산 설계비 별도

설계비 _
5,400,000 원 (부가세 포함)

인허가비 _
3,600,000 원 (부가세 포함)

구조계산 설계비 _
3,600,000 원 (부가세 포함)

인테리어 설계비 _
3,600,000 원 (부가세 포함)

건축비 외 부대비용 _
대지구입비, 가구 (싱크대, 신발장, 붙박이장)
기반시설 인입 (수도, 전기, 가스 등)
토목공사, 조경비 등

국민 전원주택 프로젝트 Vol.1

'국민 전원주택 프로젝트 Vol.1 - 4인 가족 주택'
2020년도 트렌드 제안, 그 첫 번째 주자. 그 첫 번째 시작을 정말 많이 고민했습니다. 어쩌면 2020년도의 트렌드를 알리는 시작이다 보니 "어떤 느낌으로 디자인해야 할까?", "올해 트렌드는 어떤 것일까?"에 대한 물음 앞에서 출발했습니다.

2020년도 전원주택 트렌드는 좀 더 간결하고 젊은 느낌의 가성비 높은 주택이 선도해 나갈 것으로 파악되고 있습니다. 큰 규모의 '헉'소리 나는 회장님 별장 스타일 주택은 점점 수요가 줄어들 것으로 예측되며, 좁은 땅에도 쉽고 빠르게 그리고 적은 건축비용으로 지을 수 있는 주택이 늘어날 것입니다.

단열은 점점 강화되고 있습니다. 준 패시브 급으로 적용되고 있으며, 특히 목조주택은 기존 철근콘크리트 공법 대비 높은 단열성을 기본으로 갖고 있어 추위를 걱정하는 분들이 많이 선택하고 있습니다.

이번 2020 월간 홈트리오의 시작은 위 이야기를 종합해 기획했으며 단열성, 가성비, 디자인 등을 종합해 만들었습니다.

박스형 입면에 대한 호불호가 있다는 것은 알고 있습니다.
"완전 창고 같은데"
"내 스타일은 아니야"
"집은 박공지붕이지"
여러 가지 의견이 있지만 한정된 좁은 대지에서 최대한의 건폐율을 갖도록 맞추어 설계했다고 생각해주시면 좋겠습니다.

창호는 정말 많은 의견과 이견이 있습니다. 브랜드별 장단점과 금액 차이가 있다

보니 "무엇이 정답이다!!"라고 말할 수 없습니다. 그동안은 '가성비'에 초점을 맞추어 주로 중소기업 제품을 추천해 드렸는데요. 품질 및 AS 등 다양한 평가를 거쳐 홈트리오에서는 최종 이건창호를 기본으로 적용하기로 했습니다. '정답'이다 '아니다'를 떠나 가장 높은 품질을 가진 검증된 브랜드를 사용하는 것이 '맞다'고 저희는 결론 내렸습니다.

월간 홈트리오 2020년도의 시작. 그리고 첫 번째 모델, 어떠셨나요?

특히 머릿속에 도심형 단독주택 모델을 생각하고 계신 분들은 이번 모델이 마음에 와닿았을 것이라 생각합니다.

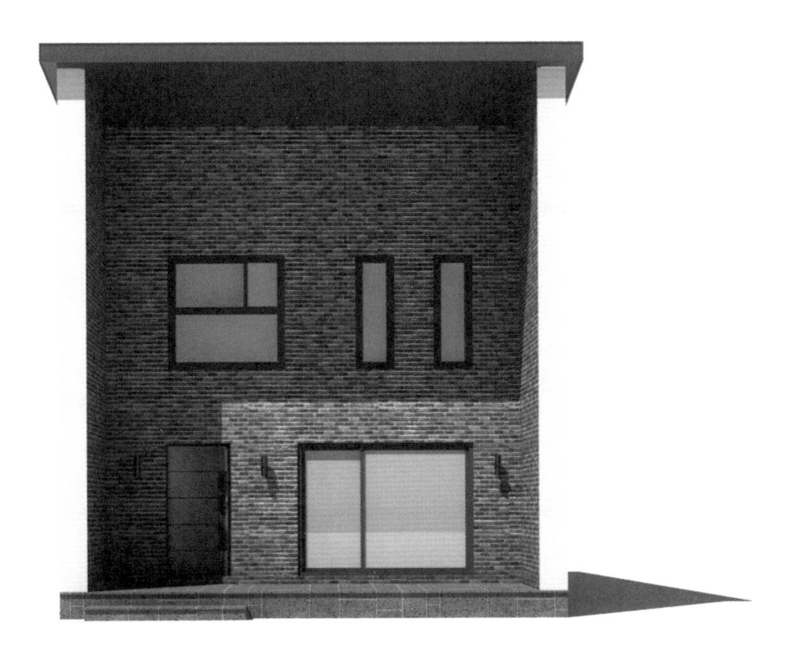

#국민전원주택 #36평평수 #모던스타일 #젊은느낌 #가성비최고

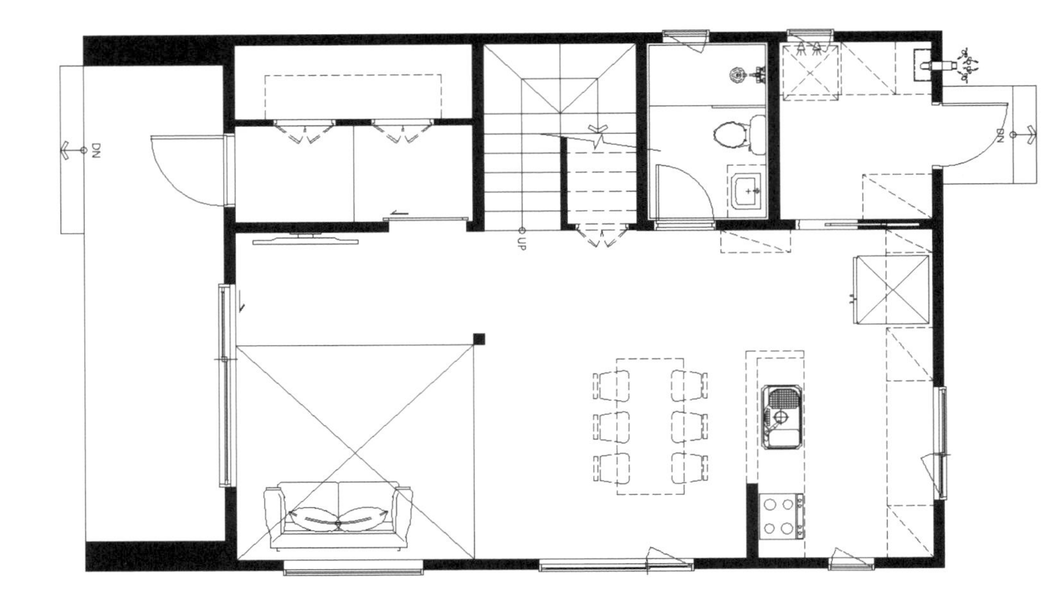

1F - 63.70 m^2

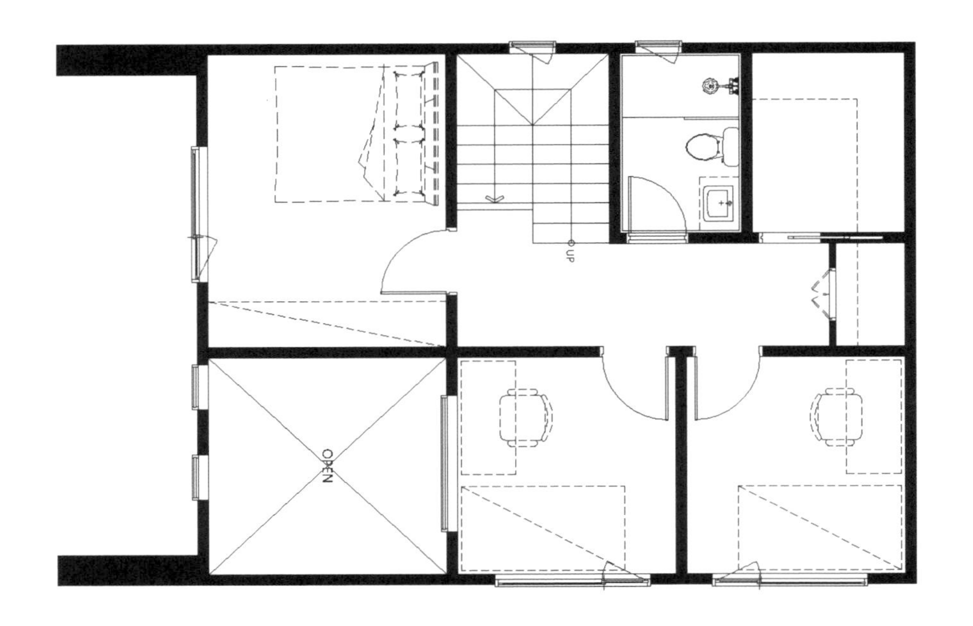

2F - 54.10 m^2

■ 이동혁 건축가

완벽한 4인 가족 주택. 호불호 없는 디자인을 위해서 많은 고민 끝에 완성한 기획안입니다. 좁은 땅에도 지을 수 있도록 박스형 평면을 선택했고 외관을 모던한 느낌으로 디자인해 젊은 건축주들에게 충분한 호감을 얻도록 했습니다.

■ 정다운 건축가

입면을 단조롭게 만들어 건축비를 줄일 수 있는 부분을 찾았습니다. 파사드에 입체감을 주고 나머지 세 면은 포인트 없이 단조롭게 만들어 외부 디자인에 드는 건축비용을 최소화했습니다.

■ 임성재 건축가

창은 모두 이건 알루미늄 3중 시스템 창호로 적용했습니다. 현존 가장 좋은 프레임과 유리를 사용했다고 보시면 됩니다. PVC 창호, 2중 발코니 창호, 중소기업 창호 등 정말 많은 의견이 있었는데요. 2020년도부터는 이런 물음에 이견이 없도록 이건창호의 3중 유리, 알루미늄 프레임 시스템 창호를 기본으로 적용했습니다. 더욱더 튼튼하고 따뜻한 집에서 보낼 수 있도록 노력했다는 점 알아주셨으면 좋겠습니다.

0102 _ 35평 경량목구조

백고벽돌의 감성에 빠지다

HOUSE **PLAN**

공법 : 경량목구조
건축면적 : 116.94 m²
1층 면적 : 116.94 m²

지붕마감재 : 리얼징크
외벽마감재 : 백고벽돌(조적)
포인트자재 : 리얼징크
벽체마감재 : 실크벽지
바닥마감재 : 이건 강마루
창호재 : 이건 알루미늄 3중 시스템창호

예상 총 건축비 _
246,000,000 원

· 부가세 포함, 산재보험료 포함
· 설계비, 인허가비, 구조계산 설계비 별도

설계비 _
5,250,000 원 (부가세 포함)

인허가비 _
3,500,000 원 (부가세 포함)

구조계산 설계비 _
3,500,000 원 (부가세 포함)

인테리어 설계비 _
3,500,000 원 (부가세 포함)

건축비 외 부대비용 _
대지구입비, 가구 (싱크대, 신발장, 붙박이장)
기반시설 인입 (수도, 전기, 가스 등)
토목공사, 조경비 등

백고벽돌의 감성에 빠지다

전원주택 생활을 시작하고 싶은데 너무 크게 짓자니 부담이고...
전원생활을 즐길 수 있는 적당한 크기의 집이면 좋겠는데.
이번 기획 모델은 이런 고민을 해결할 수 있도록 기획했으며, 단층이지만 모던한 느낌을 자아내는 디자인으로 설계했습니다.

방을 많이 놓기보다 공용공간에 많은 부분을 할애하고, 정말 필요한 실들만 작게 구성해 35평의 소형평수지만 전원생활의 매력을 만끽할 수 있도록 설계했습니다.

외장에 백고 벽돌의 조적식 방법을 적용해 스타코플렉스의 단점으로 지적되는 가벼운 느낌을 없애고, 무게감과 유니크한 느낌이 들도록 설계했습니다.

단층 주택 디자인의 한계는 바로 '매스감'입니다. 단층 주택과 2층 주택을 나란히 놓고 보면 디자인적으로 단층 주택이 손해를 볼 수밖에 없습니다. 디자인으로 어느 정도는 보완할 수 있지만, 태생적인 한계는 분명히 존재합니다.

이런 한계를 극복하기 위해 저희는 단층 주택에서 많은 디자인적 시도를 해 보고 있습니다. 너무 클래식 하기보다는 모던한 박스형으로 디자인해 보기도 하고, 전면부 파사드에 포인트를 넣어보는 등 여러 가지 시도를 한 후 최종 기획안을 제안합니다.

이번 주택은 실제 구례에서 다른 느낌의 매스로 시공할 예정입니다. 같은 평면이라도 다양한 느낌의 입면으로 만들 수 있으며, 입면 디자인에 따라 완전히 다른 느낌의 집으로 보일 수 있습니다.
외관에 적용된 백고 벽돌은 그동안 잘 쓰지 않던 외장재입니다. 저희는 청고 벽돌 및 적색의 고벽돌을 주로 사용했는데 새로운 느낌을 찾다가 이번에는 백고 벽돌

(조적)을 사용해보자고 의견을 모았습니다.

이번 주택은 이렇게 평하고 싶습니다.
'젊은 건축주님을 위해 모던하면서 트렌디한 외관을 가지고 태어난 주택'
'단층 주택이라는 디자인 한계를 뛰어넘은 집'

"예쁘지 않나요?" 저희는 무척 마음에 드는데...

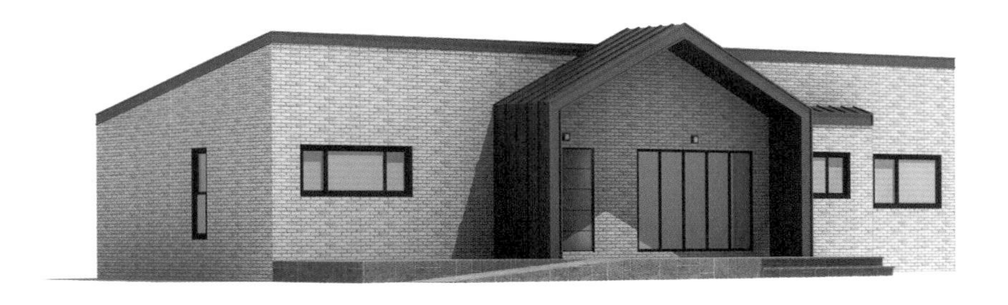

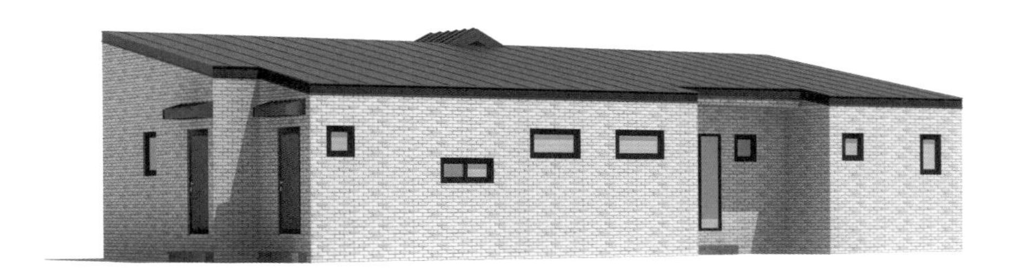

#백고벽돌 #단층주택 #개성있는평면 #모던한외관 #전원생활의시작

■ 1F - 116.94 m²

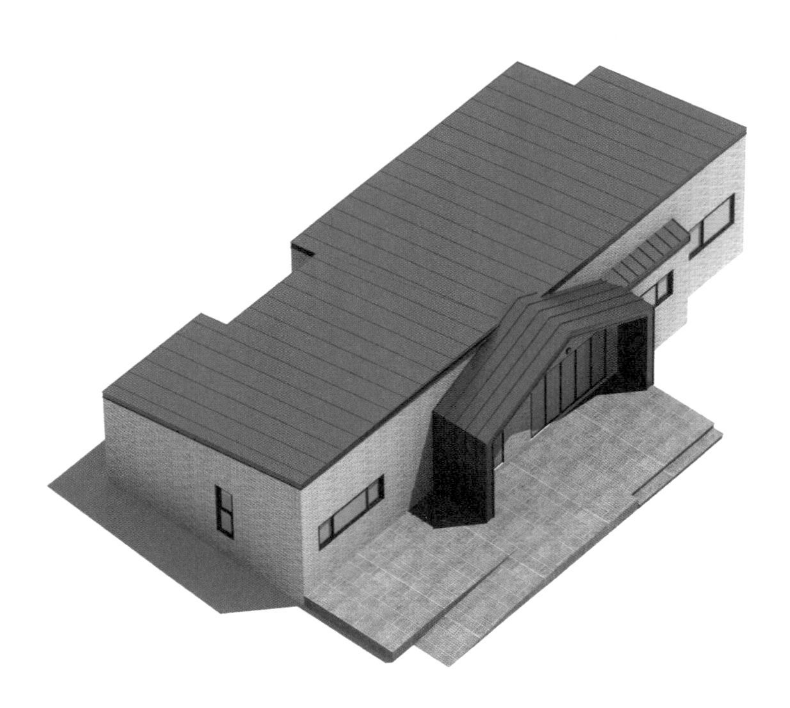

■ 이동혁 건축가

흔히 갖는 고정관념이 '꼭 방이 3개 이상'이어야 한다는 것입니다. 왜인지 몰라도 많은 분이 방은 꼭 3개를 만들어달라고 요청합니다. 하지만 두 분이 생활하시는데 방을 3개 구성해달라고 하는 것은 당장 사용하지 않는 공간을 미리 만들어 달라고 하는 것과 같습니다. 돈이 많아서 건축비를 더 들여 짓는다면 문제없지만, 우리의 상황은 그렇지 않죠. 아파트와 달리 전원주택은 나와 내 가족만을 위한 공간입니다. 목적을 명확히 한 후 실 거주자를 위해 공간을 배치하는 것이 좋습니다. 이번 사례는 2개의 방과 넓은 거실 그리고 주방으로 개인적 공간보다 공용공간에 면적을 더 할애해 실 평수보다 넓어 보이는 효과를 줬습니다.

■ 정다운 건축가

박스형 입면이라도 목조주택은 누수의 위험이 있어 옥상 사용이 불가합니다. 그래서 무조건 지붕을 덮어야 하며 1/10 이상의 경사도가 필수입니다. 디자인을 위해 불편을 감수하겠다는 분도 계시는데 말도 안되는 소리입니다. 본인 집에 비 새면 정말 엄청나게 화납니다. 주택을 지을 때 가장 기본은 첫째도 하자방지, 둘째도 하자방지, 셋째도 하자방지입니다. 처음부터 하자가 발생하지 않도록 설계하는 것이 가장 중요합니다.

■ 임성재 건축가

폴딩도어는 접히는 부분이 많아 단열에 취약할 수밖에 없는 구조입니다. 단열 성적서가 있어도 그것이 꾸준히 유지되지 않고 1~2년 지나면서 고무 패킹이 느슨해져 차가운 기운이 안으로 스며듭니다. 이것은 어느 브랜드의 창호든 마찬가지입니다. 외부에 폴딩도어를 사용하고 싶으면 내부 단열 창을 확보한 후 외부 차단용으로만 사용하세요. 메인 창으로 사용하는 것은 반대하니 추위를 많이 타는 분은 높은 단열값의 시스템 창호를 선택하시기 바랍니다. 메인 창호로 적용 시 단열에 취약한 폴딩도어는 외부 공기 차단용으로만 설계하시기 바랍니다.

PART 02

2월, 입춘(立春)

봄이 시작돼요

낮의 햇살이 내 방을 비추면 따스한 기운이 다가와요.
서서히 추위도 물러가나 봐요.

올겨울은 코감기를 달고 살아서 엄마에게 맨날 혼났는데
그래도 마당에서 노는 게 좋아요.

서서히 나무에서 싹이 올라오는 게 보여요.

봄이라는 향기가 우리 집 마당에 내려앉으려나 봐요.

HOMETRIO

봄 햇살 가득 담아

HOUSE **PLAN**

공법 : 경량목구조
건축면적 : 453.83 m^2
1층 면적 : 171.75 m^2
2층 면적 : 127.53 m^2
지하 면적 : 154.55 m^2

지붕마감재 : 스페니쉬 기와
외벽마감재 : 스타코플렉스
포인트자재 : 파벽돌
벽체마감재 : 실크벽지
바닥마감재 : 이건 강마루
창호재 : 이건 알루미늄 3중 시스템창호

예상 총 건축비 _
832,000,000 원

· 부가세 포함, 산재보험료 포함
· 설계비, 인허가비, 구조계산 설계비 별도

설계비 _
20,550,000 원 (부가세 포함)

인허가비 _
13,700,000 원 (부가세 포함)

구조계산 설계비 _
13,700,000 원 (부가세 포함)

인테리어 설계비 _
13,700,000 원 (부가세 포함)

건축비 외 부대비용 _
대지구입비, 가구 (싱크대, 신발장, 붙박이장)
기반시설 인입 (수도, 전기, 가스 등)
토목공사, 조경비 등

봄 햇살 가득 담아

고즈넉한 느낌을 풍기는 마을의 한 자락에 있는 땅. 원래 그 자리에 있었던 듯 아름다움을 간직한 채 앉아있는 북유럽식 전원주택.
따스함이 감싸는 봄. 그 봄의 감성과 더불어 주황빛 기와집의 포근함이 더욱더 따뜻하게 우리 마음속에 다가옵니다.

이번 주택을 설계하면서 다양한 재미를 느꼈습니다. 그동안 작은 평수에서는 없는 면적에서 쥐어 짜내듯이 설계를 했다면 100평이 넘는 대형 평수의 이번 주택에서는 온전히 원했던 동선과 재미있는 공간구성을 고민할 수 있었습니다. 토지가 자연경관이 빼어난 '담양'에 있어 주변 경관을 최대한 살릴 수 있는 디자인을 만들려고 노력했으며, 북유럽 감성을 고스란히 이 대지에 앉힐 수 있도록 설계했습니다.

기와가 올라간 박공지붕은 단조롭게 입면을 구성하는 것보다 지붕의 경사가 다양하게 보이고, 포치 및 발코니 등을 적극적으로 활용해 4면 어디에서 보던 입체감과 볼륨감이 느껴질 수 있도록 디자인하는 것이 좋습니다. 모던 스타일은 깔끔한 면이 매력이라면, 북유럽식 스타일은 경사가 있는 박공지붕, 모임지붕, 외쪽지붕 등이 다채롭게 보이는 것이 매력 포인트입니다.
목조주택은 집이 숨을 쉴 수 있게 하는 '벤트'가 생명입니다. 박공지붕은 처마에 이 벤트라고 부르는 기능적 공간을 시공합니다. 외쪽지붕도 지붕의 끝에는 벤트라는 공간이 형성됩니다. 가장 기본이지만 생각보다 많은 분이 이것을 간과하고 시공합니다. 꼭 벤트를 생각하고 계획하셔야 한다는 것을 인지하셨으면 좋겠습니다.

이 주택은 지하주차장이 존재합니다. 지하주차장은 차 한 대당 5평의 공간이 필요합니다. 만일 4대를 주차한다면 최소 20평의 지하 공간이 있어야 주차할 수 있다는 계산이 나옵니다. 물론 지하주차장 공사가 공짜 일리는 만무하죠. 대부분의 건축주님은 지하를 파는 비용이 저렴할 거라고 생각하지만, 지상으로 건물을 올리는 비용보다 지하에 건물을 만드는 비용이 훨씬 비쌉니다. 다만 지하주차장의 경우 인테리어가 제외되다 보니 상대적으로 저렴하다고 생각할 뿐 객관적인 실행 비용을 비교하면 토목공사 때문에 더 비싸게 공사가 이루어집니다.

처음에 지하층에 대한 예산을 마련해 놓지 않다가 갑자기 설계 후 비용이 발생하게 되면 당황하시는 분이 많으니 미리미리 예산을 확보해두시기 바랍니다.

#스페니쉬기와 #북유럽정취 #이국적전원주택 #대형주택 #힐링라이프

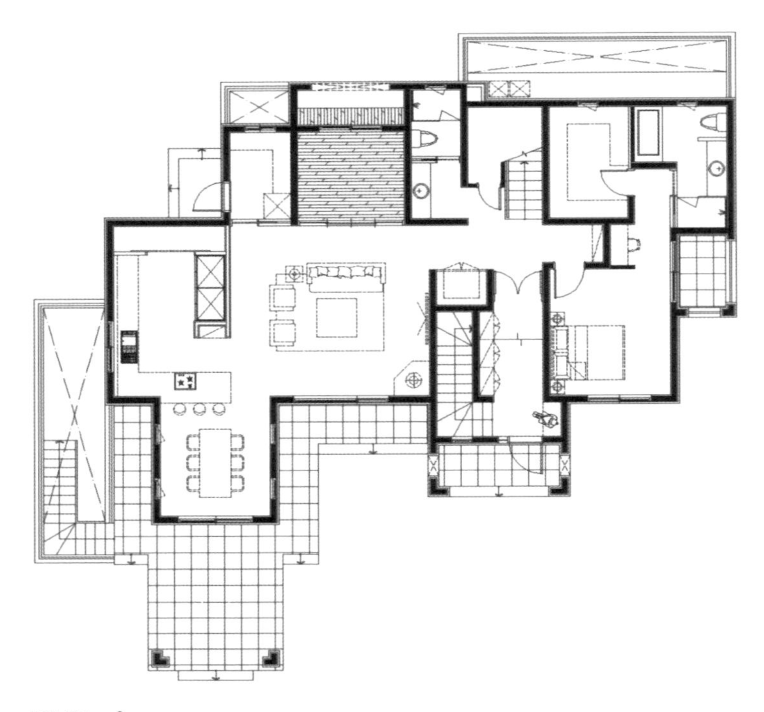

1F - 171.75 m^2

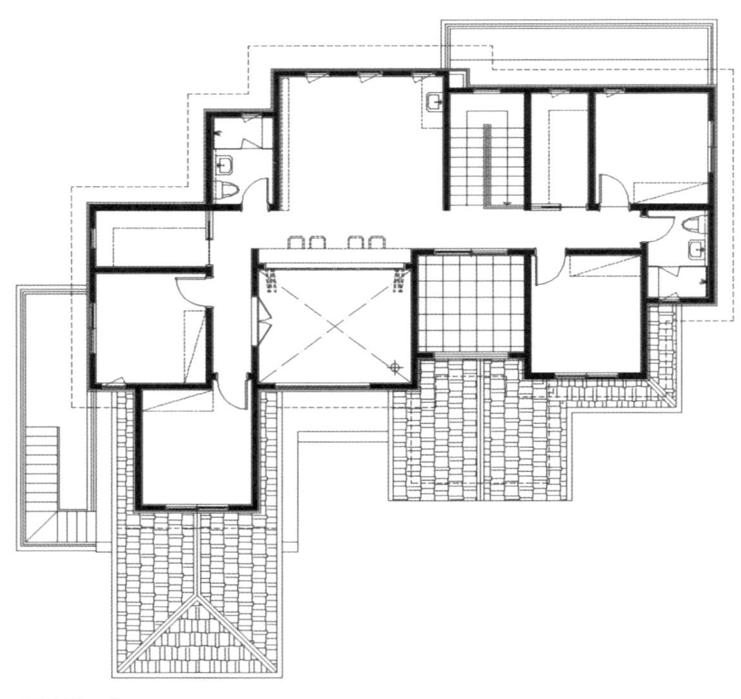

2F - 127.53 m^2

■ 이동혁 건축가

주황빛 스페니쉬 기와가 올라간 주택은 언제 보아도 포근하면서 따뜻한 느낌이 드는 것 같습니다. 젊은 건축가의 한 사람이다 보니 깔끔하고 모던한 느낌의 설계를 좀 더 많이 하는데요. 자연경관이 좋은 숲속의 집을 설계하다 보면 "아, 이런 곳은 기와가 올라간 집을 짓는 것이 좋을 것 같다"라는 생각을 많이 합니다. 기와가 주는 느낌과 주황빛의 따스한 색감이 주는 감성이 자연경관과 어우러져 더 높은 시너지를 낸다고 생각하거든요.

■ 정다운 건축가

137평이라는 대형 평수이기 때문에 공간별 구획화를 소형평수의 주택과는 다르게 진행했습니다. 아기자기하게 공간을 구분하는 것이 아니라 현관과 계단을 중심으로 공용공간과 개인공간을 넓게 구성한 후 그 공간 안에서 다시 동선을 나누는 형식으로 배치했습니다. 다양한 공간들이 어우러져 재미있는 평면설계가 나왔으며, 숨겨진 공간에서 새로운 공간이 만들어지는 듯한 느낌으로 각 실을 계획했습니다.

■ 임성재 건축가

1층이 부모님을 위한 공간이라면 2층은 자녀들을 위한 독립된 공간이라 보셔도 됩니다. 자녀들을 위한 거실을 별도로 구성했으며, 4자녀를 위해 2층에 두 개의 화장실을 만들어 사용의 편의성을 더했습니다. 경량 목구조 공법으로 일차적인 준패시브급 단열을 적용했으며, 3중 시스템창호를 전 창에 적용해 새어나갈 수 있는 틈을 원천 차단했습니다.

햇살 따스한 집

HOUSE **PLAN**

공법 : 경량목구조
건축면적 : 154.63 m^2
1층 면적 : 89.76 m^2
2층 면적 : 64.87 m^2

지붕마감재 : 아스팔트슁글
외벽마감재 : 스타코플렉스
포인트자재 : 파벽돌
벽체마감재 : 실크벽지
바닥마감재 : 이건 강마루
창호재 : 이건 알루미늄 3중 시스템창호

예상 총 건축비 _

271,000,000 원

· 부가세 포함, 산재보험료 포함
· 설계비, 인허가비, 구조계산 설계비 별도

설계비 _
7,050,000 원 (부가세 포함)

인허가비 _
4,700,000 원 (부가세 포함)

구조계산 설계비 _
4,700,000 원 (부가세 포함)

인테리어 설계비 _
4,700,000 원 (부가세 포함)

건축비 외 부대비용 _
대지구입비, 가구 (싱크대, 신발장, 붙박이장)
기반시설 인입 (수도, 전기, 가스 등)
토목공사, 조경비 등

햇살 따스한 집

햇살이 창에 다다를 때 그 따스함이 온전히 집 안에 전해지는 집.
2층의 안정감 있는 디자인에 2면의 외쪽지붕을 적용해 모던하면서도 클래식함이 공존하는 집으로 완성했습니다.

하나로 오픈된 거실과 주방. 그리고 4인 가족이 머무르기에 충분한 3개의 방. 방을 넓게 구성해서 자녀들이 성장해 어른이 되어도 불편함 없이 사용할 수 있도록 설계했으며, 2개의 화장실을 배치해 출근 및 등교 시에도 무리 없이 사용할 수 있도록 했습니다. 2층에 별도의 드레스룸을 만들어 부족한 수납공간을 대체할 수 있도록 배려했습니다.

이번 주택의 외부를 디자인할 때 어느 한쪽으로 치우치지 않고 한국에 가장 최적화된 이미지로 디자인했습니다. 디자인은 개인의 취향에 영향을 많이 받기 때문에 저희의 디자인이 마음에 안 드실 수도 있습니다. 하지만 저희가 항상 이야기하는 '가성비' 주택 그리고 4인 가족이 생활하기에 불편함이 없는 주택, 마지막으로 특별하지는 않지만 눈길이 가는 예쁜 주택, 저희가 생각하는 방향으로 설계를 진행하며 이번 주택도 그 방향성에 따라 만든 주택이라고 생각해 주셨으면 좋겠습니다.

이번 주택의 특이한 점을 꼽자면 '코어'라고 할 수 있습니다. 일반적인 주택의 가운데에 위치하는 현관 및 계단실을 좌측으로 치우치게 계획했습니다.
특별히 문제가 있었던 것은 아니고 코어를 통해 공용공간과 개인공간을 나누어 줄 것인지 아니면 현관을 들어왔을 때 탁 트인 개방감을 극대화할 것인지에 대한 선택이라고 설명해 드리고 싶습니다.
이번 주택처럼 코어를 한쪽으로 계획했을 경우 현관에 진입했을 때 거실과 주방, 안방 라인까지 이어지는 라인의 압도적인 개방감은 같은 평형대에서 느낄 수 없는 공간감입니다.

집을 설계하는 기법 중 '중정'이라는 부분이 있습니다. 여러분이 알고 계신 중정은 집 안쪽에 4면이 감싸고 있는 모습일 텐데요. 꼭 4면이 다 감싸져 있어야 하는 것은 아닙니다. 이번 주택처럼 3면이 벽이고 앞 데크 쪽은 뚫려있어도 충분히 중정의 아늑한 느낌을 받을 수 있습니다.

테이블을 놓고 가든파티 하기 딱 좋은 장소이며, 남의 이목을 신경 쓰지 않도록 시각적 차단이 자연스럽게 이루어져 이보다 더 좋을 수는 없을 것입니다.

특별하지는 않지만 눈길이 가는 집, 튼튼하고 따뜻한 집.

이번 주택은 그런 집이라고 설명해 드리고 싶습니다.

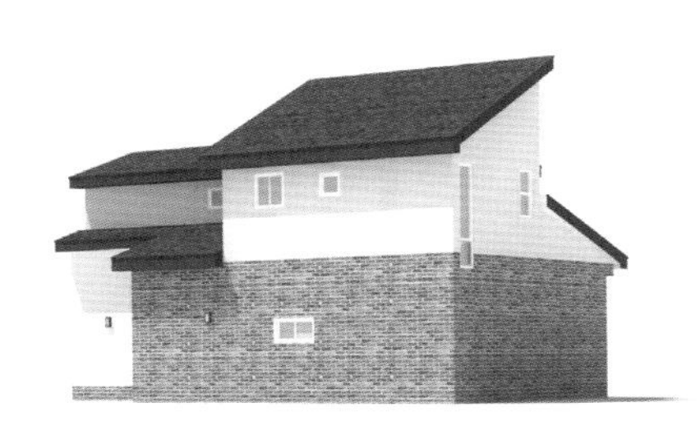

#햇살밝은집 #포근한집 #환한공간 #꿈에그리던집 #도심형단독주택

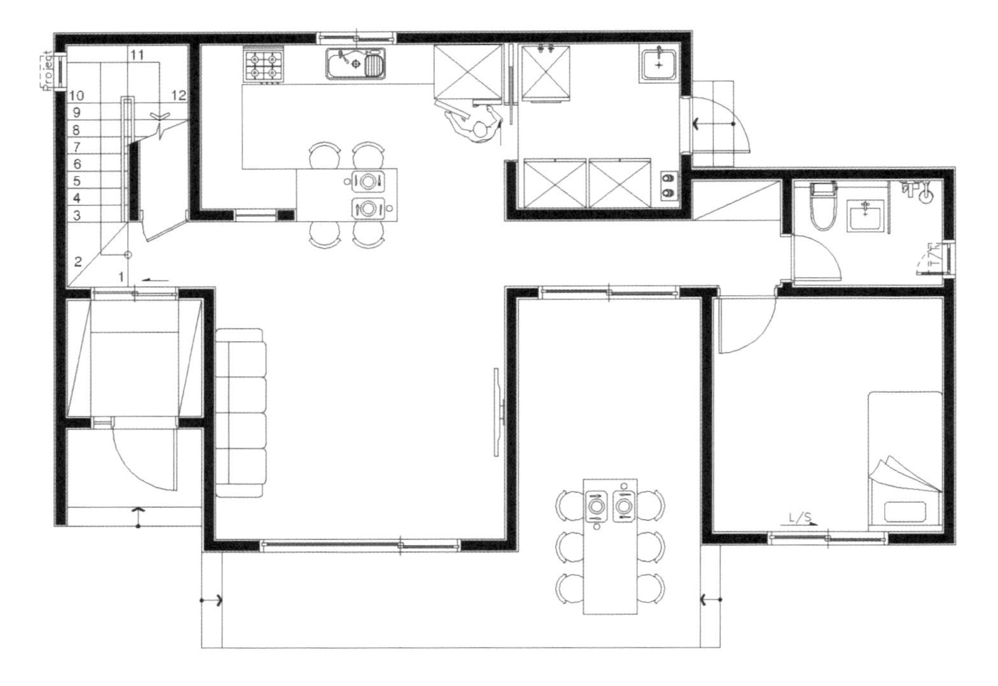

1F - 89.76 m^2

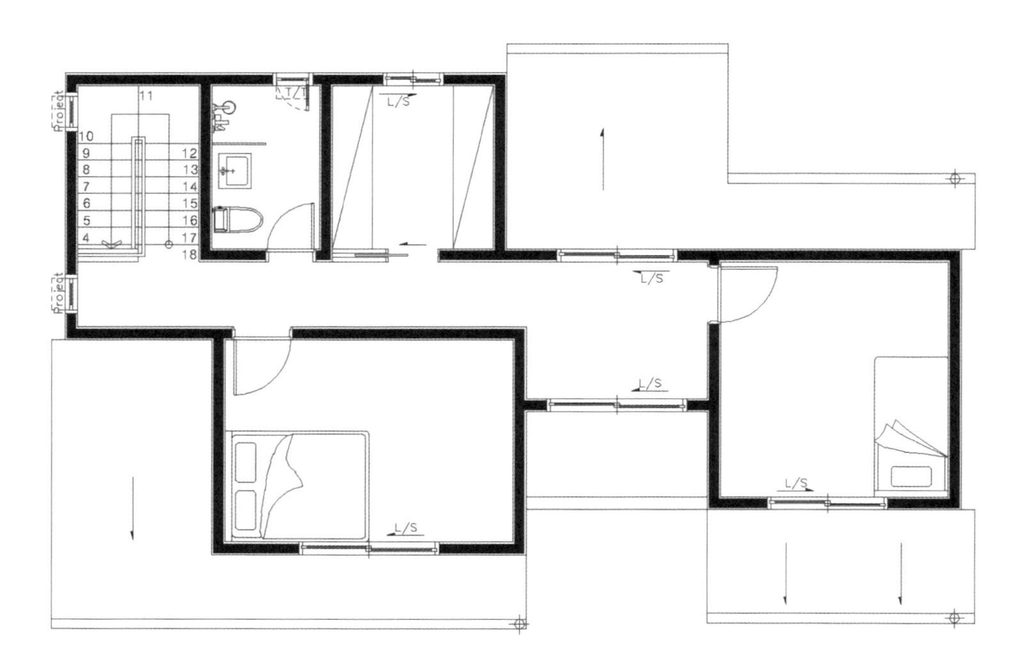

2F - 64.87 m^2

이동혁 건축가

4인 가족이 생활하기에 최적인 평면으로 구성했습니다. 전원주택 택지 및 도심형 단독주택 필지에 모두 어울릴만한 느낌으로 디자인 했습니다. 스타코플렉스 베이스에 파벽돌 포인트, 하단부에 포인트를 조금 주는 것이 아니라 1층 전체에 포인트를 주어서 외벽에 대한 오염방지 및 디자인적 무게감을 동시에 느끼도록 했습니다.

정다운 건축가

모던한 느낌과 클래식한 느낌이 공존할 수 있도록 설계했습니다. 한쪽의 스타일에 치우치는 것이 아니라 현재 트렌드에 맞게, 또한 각 스타일의 장점만 조합해서 디자인했습니다. 지붕이 집 디자인에 주는 영향력은 상당히 큽니다. 사람도 머리 스타일에 따라 분위기가 바뀌듯 집도 똑같습니다. 다른 집들과 다른 느낌을 갖고 싶다면 외장재가 아닌 지붕 디자인에 노력을 기울이는 것이 투자 대비 많은 이득을 얻을 수 있는 방법이기도 합니다.

임성재 건축가

현관과 계단실의 코어를 집의 좌측으로 몰아 동선의 꼬임을 방지하고 현관에 진입했을 때 거실, 주방, 안방 라인까지 탁 트인 공간이 되도록 평면을 구성했습니다. 많은 분이 현관은 무조건 가운데에 있어야 한다고 생각하지만, 생각보다 많은 주택의 현관이 한쪽으로 치우쳐 있습니다. 주차장의 문제일 수도 있고 도로 또는 대문과의 연계 때문일 수도 있습니다. 설계하실 때 고정관념을 버리세요. 그리고 그동안 살아왔던 아파트의 평면을 잊어버리세요.

PART 03

3월, 경칩(驚蟄)

개구리가 겨울잠을 깨는 날

저녁만 되면 개구리가 울어요.
엄마에게 물어보니 개구리가 겨울잠에서 깨어난 날이래요.
매우 시끄러움.
하지만 가슴 한편에서 반가운 마음이 드는 것은
무슨 이유일까요?

HOME
TRIO

0301 _ 37평 경량목구조

구례의 별빛

HOUSE **PLAN**

공법 : 경량목구조
건축면적 : 122.78 m²
1층 면적 : 122.78 m²

지붕마감재 : 아스팔트슁글
외벽마감재 : 스타코플렉스
포인트자재 : 파벽돌, 합성목재
벽체마감재 : 실크벽지
바닥마감재 : 이건 강마루
창호재 : 이건 알루미늄 3중 시스템창호

예상 총 건축비 _
211,000,000 원

· 부가세 포함, 산재보험료 포함
· 설계비, 인허가비, 구조계산 설계비 별도

설계비 _
5,550,000 원 (부가세 포함)

인허가비 _
3,700,000 원 (부가세 포함)

구조계산 설계비 _
3,700,000 원 (부가세 포함)

인테리어 설계비 _
3,700,000 원 (부가세 포함)

건축비 외 부대비용 _
대지구입비, 가구 (싱크대, 신발장, 붙박이장)
기반시설 인입 (수도, 전기, 가스 등)
토목공사, 조경비 등

구례의 별빛

월간 홈트리오 1월호 두 번째 모델과 같은 평면을 공유하는 주택입니다. 면적이 조금 다를 뿐 거의 같은 동선과 구성으로 설계했습니다. 같은 평면이지만 입면 디자인을 어떻게 하는지에 따라 완전히 다른 느낌의 집으로 탄생할 수 있다는 것을 보여주는 사례라고 할 수 있습니다.

전남 구례의 젊은 신혼부부를 위한 집.

정갈한 느낌의 외관에 안정감 있게 얹힌 지붕.

단층 주택으로 설계해 낭비되는 공간 없이 모든 공간이 높은 활용성을 갖도록 계획했으며, 별도의 포인트를 사용하지 않고 그 자체만으로 빛날 수 있는 집으로 완성했습니다.

구례의 별빛이라는 이름을 가진 이번 주택은 깜깜한 밤하늘에 밝은 빛을 뿜어내며 그 존재 자체로 빛날 수 있는 집입니다.

30평형에서 평면을 구성할 때 건축주님과 가장 많이 부딪히는 부분이 바로 방의 개수입니다. 한국의 기준이 4인 정도의 핵가족이라 3개의 방을 기본이라고 생각하시는 분이 많습니다. 물론 이 생각이 틀렸다는 것은 아닙니다. 한국의 아파트 문화를 이끌었던 국민주택 평면이 24평의 방 3개짜리 구조였기 때문입니다. 저도 평생 그런 공간에서 살았기 때문에 어떤 이유로 3개의 방을 원하시는지 너무 잘 알고 있습니다.

문제는 아파트의 설계와 전원주택의 설계는 다르다는 것에 있습니다. 아파트는 다시 팔아야 하는 재테크의 수단이었기 때문에 건물에 맞추어 우리 가족이 살았다는 표현이 더 맞고, 전원주택은 짓는 순간부터 감가상각이 이루어지기 때문에 재테크로서의 가치는 생각보다 적을 수밖에 없습니다. 다시 말해 잘 팔리는 집으로 지어야 할 이유가 없습니다.

30평형의 집을 설계하고 지을 때 여러분들은 방을 기준으로 할 것이 아니라 현관과 거실, 주방을 기준으로 잡은 뒤 정말로 내가 실사용하는 공간이 무엇인지를 정하고 설계하는 것이 좋습니다.

"집은 무조건 커야지"
"나중에 손님이 많이 올 거니까 방을 많이 만들 거야"
"땅의 모양과 상관없이 아파트형 평면으로 해주세요"
"그래도 손님방 하나쯤은 있어야 하지 않을까요?"

맞아요. 여러분이 말이 틀렸다고 보기는 어렵습니다.
다만 지을 집의 면적과 예산을 대략이라도 정해놓았는데 그 이상 욕심을 부리면 선을 넘을 수밖에 없습니다.

전원주택을 지을 때 꼭 기억하세요. 꼭 필요한 공간만 설계할 것. 그리고 지금 당장 없는 손님을 미리 걱정하지 말 것.

#아름다운집 #단층주택의매력 #별빛이내린다 #구례전원주택 #신혼부부전원주택

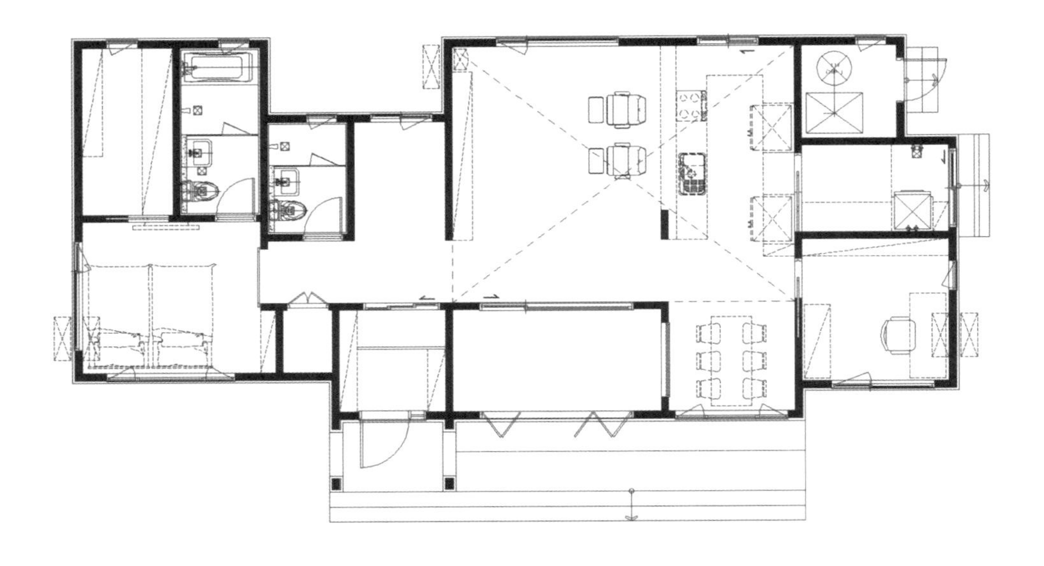

1F - 122.78 m^2

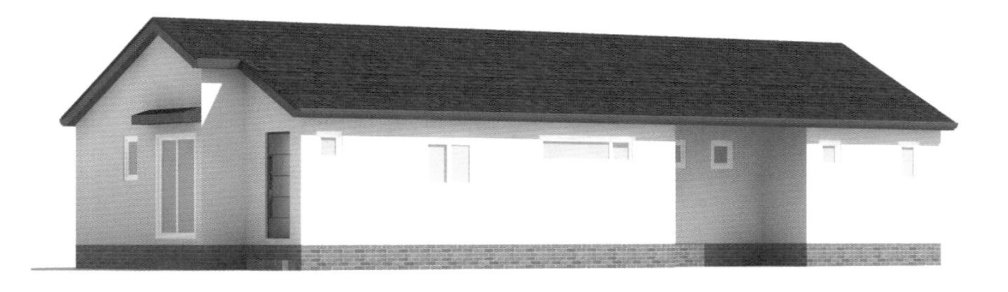

이동혁 건축가

이번 주택을 설계하면서 지붕을 단순하게 디자인해야 한다고 생각했습니다. 박공지붕 형태의 물 빠짐이 원활한 각도로 차분한 느낌으로 앉힐 것. 과하지 않으면서 주변의 집들과 원래 있었던 듯 자연스럽게 조화되는 분위기를 가질 것. 이번 구례 주택을 설계하면서 특별한 외장재, 지붕재를 사용하지 않고도 언제나 그 자리에 있었던 듯한 느낌의 무던한 집으로 탄생시키고자 했습니다.

정다운 건축가

월간 홈트리오 1월호 두 번째 모델과 평면은 공유하지만, 완전히 다른 디자인의 집으로 완성했습니다. 이번 주택은 클래식 스타일의 느낌을 더 가미했으며, 요란하고 튀는 느낌보다는 차분하고 안정적인 느낌으로 디자인했다고 생각해 주셨으면 좋겠습니다.

임성재 건축가

실내 천장고에 대해서 많이 고민하십니다. 1층의 천장고는 목조 기준 2,400mm 실측이 나옵니다. 조금 답답함을 느끼시는 분의 경우 300mm를 더 올려 2,700mm로 진행하기도 하며, 그 이상을 원하실 경우 오픈 천장이라는 옵션으로 지붕을 높게 올리게 됩니다. 오픈천장으로 시공했을 경우 월등한 개방감을 느낄 수 있지만 반대로 단열에서 손실을 보기 때문에 어느 정도가 적당한지 고민은 필수입니다.

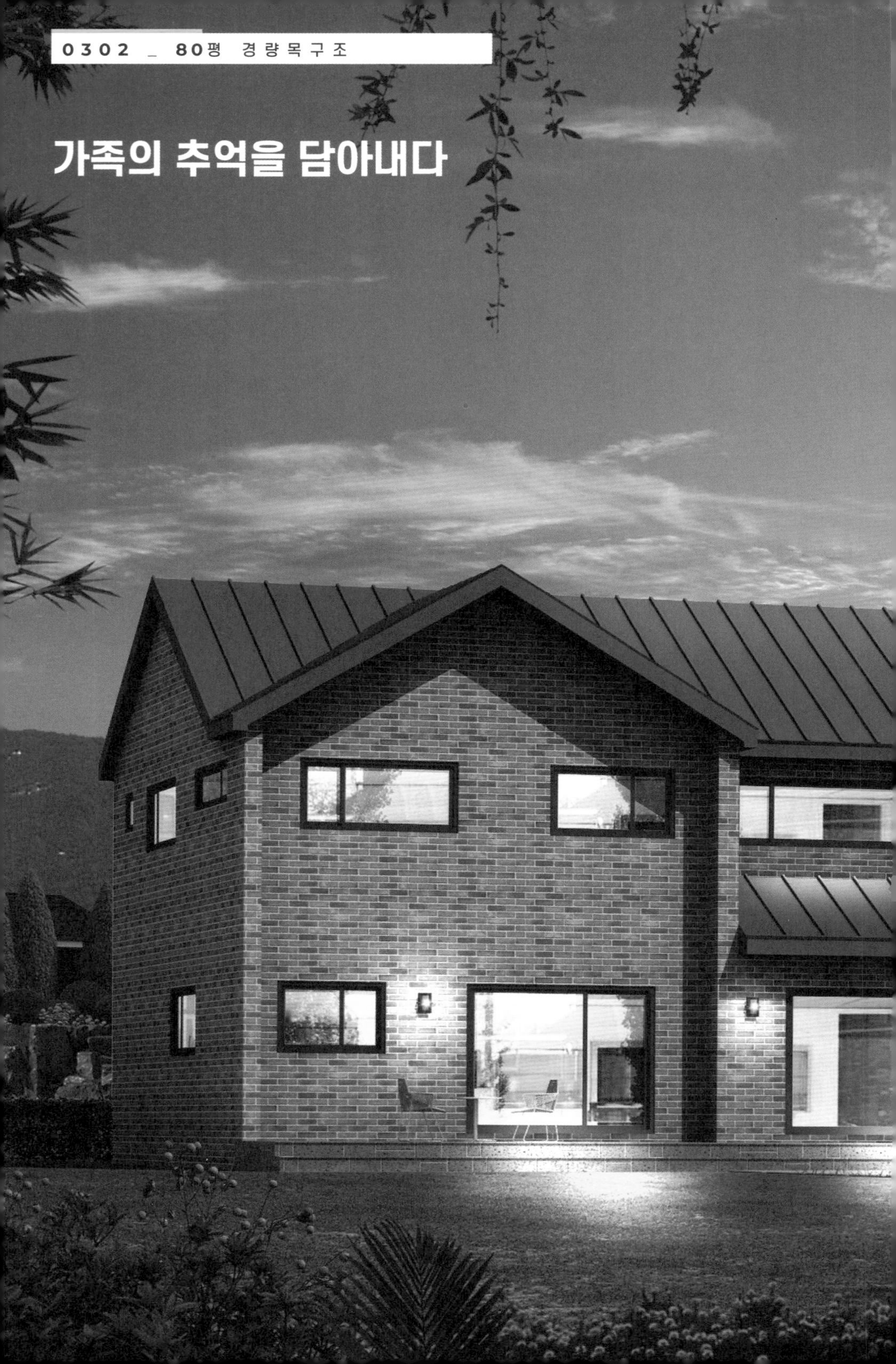

가족의 추억을 담아내다

HOUSE **PLAN**

공법 : 경량목구조
건축면적 : 265.29 m^2
1층 면적 : 145.32 m^2
2층 면적 : 119.97 m^2

지붕마감재 : 리얼징크
외벽마감재 : 청고벽돌(조적식)
포인트자재 : 청고벽돌
벽체마감재 : 실크벽지
바닥마감재 : 이건 강마루
창호재 : 이건 알루미늄 3중 시스템창호

예상 총 건축비 _
531,000,000 원

· 부가세 포함, 산재보험료 포함
· 설계비, 인허가비, 구조계산 설계비 별도

설계비 _
12,000,000 원 (부가세 포함)

인허가비 _
8,000,000 원 (부가세 포함)

구조계산 설계비 _
8,000,000 원 (부가세 포함)

인테리어 설계비 _
8,000,000 원 (부가세 포함)

건축비 외 부대비용 _
대지구입비, 가구 (싱크대, 신발장, 붙박이장)
기반시설 인입 (수도, 전기, 가스 등)

가족의 추억을 담아내다

청고 벽돌과 징크의 환상적 조화는 실패할 수 없는 조합입니다. 차가우면서 무게감을 주는 청고 벽돌과 전혀 어울릴 것 같지 않은 느낌의 그레이톤 징크를 매치. 고벽돌은 너무 흔해서 보다 시크하면서 도시적인 느낌을 내고 싶으신 분은 이 모델을 꼭 눈여겨보시기 바랍니다. 2세대가 거주할 수 있는 주택의 평면으로 구성했으며, 볼륨감 있는 매스로 디자인해서 도심형 단독주택의 대표 모델이라 평하고 싶습니다.

한국의 대표적인 가족 구성은 핵가족일 것입니다. 특히 4인 가족이 많은데요. 그래서인지 자연스럽게 아파트든 빌라든 방 3개의 평면이 일반적인 것 같습니다. 가장 선호하는 구성이기도 하며, 집을 팔 때도 수월하니 이 방 3개의 조건을 마다할 이유가 없었죠.

고향을 떠나 서울에 정착하고 차근차근 돈을 모아 내 집을 장만하는 계획. 예전에는 이 계획이 맞았지만, 지금은 어떨까요? 평생 서울에 살았던 저는 중심가라 불리는 곳들의 집값을 대략적이나마 알고 있습니다. 특히 제가 살았던 건대입구 주변을 기준으로 이야기해드린다면 24평형 기준 약 10억을 호가합니다. 아파트 브랜드마다 금액 차이가 발생해 어떤 곳은 15억을 훨씬 넘기도 합니다.

정리하면 우리가 월급을 모아서 집을 마련한다는 것은 거의 불가능에 가까운 일이 되었습니다. 이런 시대변화는 단독주택 시장에도 영향을 끼치고 있습니다.

5년 전만 해도 단독주택을 짓는다고 하면 거의 4인 가족 위주의 주택 의뢰가 대부분이었는데 최근에는 3통의 문의 중 1통은 꼭 듀플렉스 하우스 문의가 들어옵니다.

다양한 이유가 있겠지만 예전에는 결혼해서 분가하는 것이 당연했지만, 요즘에는 현관을 분리하여 2세대가 같이 사는 집도 괜찮다는 인식으로 바뀐 것 같습니다.

듀플렉스 주택의 이미지를 떠올리면 쌍둥이 같은 두 개의 매스가 똑같이 올라가는 모습을 떠올리시는 분들이 많을 것입니다. 이것은 듀플렉스 하우스의 시작이 설계비를 아끼고 건축비를 최소화하는 땅콩 주택의 방향에서 시작되었기 때문입니다. 각 집의 평면이 복잡하게 달라지면 금액이 저렴할 리 만무하겠죠.

그래서일까요. 하나의 집 이미지로 매스를 만드는 것이 아니라 듀플렉스로 지으면 당연히 두 개의 매스가 연결되는 형태로 지어야 한다는 고정관념.

이번 주택을 설계하면서 어찌 보면 저도 스스로 그 고정관념을 깨는 계기가 되었습니다. 자녀 세대와 부모님 세대가 함께 사는 집. 그 집을 짓는 프로젝트. 같은 마당을 공유하지만, 현관을 분리하여 서로의 프라이버시를 침해받지 않는 평면으로 구성하는 것. 다만 매스는 하나의 집처럼 보일 것.

이번 주택은 여러모로 의미가 있는 주택이라 평하고 싶습니다. 듀플렉스 하우스를 이렇게도 지을 수 있다는 것을 보여주고 싶었고, 목조주택도 이렇게 웅장한 느낌으로 완성할 수 있다는 것을 보여주고 싶었습니다.

디자인부터 골조, 단열, 집에 대한 세세한 부분까지 모두 높은 품질로 설계된 이번 주택.

궁금하시죠? 듀플렉스 하우스를 고민하시는 분들이라면 꼭 이 주택을 눈여겨보시기 바랍니다.

참고로 이 주택은 인천 청라에 실제로 지어질 주택이랍니다.

#시크함의끝판왕 #도심형단독주택 #2세대주택 #이건창호 #젊은감각

1F - 145.32 m²

2F - 119.97 m²

이동혁 건축가

눈치채셨나요? 이 집은 하나의 집처럼 보이지만 평면구성은 2세대로 나뉘어 있는 집입니다. 듀플렉스 주택이지만 하나의 매스로 디자인하여 웅장하고 커 보이는 입면 이미지를 만들어주었고, 현관을 구분하여 부모님이 거주하시거나 세를 줄 수 있도록 공간을 설계했습니다.

정다운 건축가

이 집의 공법은 경량 목구조입니다. 단열성이 뛰어난 공법(목조)을 선정하고 외장재로 조적식 벽돌을 사용하여 "나무로 짓는 집이니 가벼워 보일 것이다"라는 생각을 잊을 수 있도록 설계했습니다. 최근에 저희는 벽돌을 많이 사용하고 있습니다. 스타코플렉스가 좋지 않아서가 아닌 그동안 저희가 해 왔던 주택 이미지들과 조금 다른 느낌을 여러분께 선보이고자 하는 의도가 더 컸습니다. 다양한 외장재들을 보여드린 후 좀 더 다양한 안으로서 건축주님이 집 외장재를 선정하셨으면 좋겠습니다.

임성재 건축가

그동안 말이 많았던 중소기업 제품의 창호를 과감히 버렸습니다. 가성비라는 부분 때문에 중소기업 제품을 계속 써 왔었는데 품질에 대한 부분에서 계속 문제가 제기되어 비용이 더 들더라도 확실히 품질을 보증하는 기업의 창호를 사용하기로 저희 홈트리오는 결정했습니다. 6개월의 노력 끝에 이건창호 대리점을 획득했으며, 자체 공급처로 제공되는 만큼 그동안 제공되었던 창호 비용보다 더 저렴하게 제공할 수 있게 되었습니다. 이제는 적은 부담으로 창호를 선정하실 수 있게 되어 저희도 뿌듯함을 느낍니다.

햇살 품은 2세대 주택

HOUSE **PLAN**

공법 : 경량목구조
건축면적 : 265.29 m²
1층 면적 : 145.32 m²
2층 면적 : 119.97 m²

지붕마감재 : 리얼징크
외벽마감재 : 세라믹사이딩
포인트자재 : 세라믹사이딩
벽체마감재 : 실크벽지
바닥마감재 : 이건 강마루
창호재 : 이건 알루미늄 3중 시스템창호

예상 총 건축비 _

512,000,000 원

· 부가세 포함, 산재보험료 포함
· 설계비, 인허가비, 구조계산 설계비 별도

설계비 _

12,000,000 원 (부가세 포함)

인허가비 _

8,000,000 원 (부가세 포함)

구조계산 설계비 _

8,000,000 원 (부가세 포함)

인테리어 설계비 _

8,000,000 원 (부가세 포함)

건축비 외 부대비용 _

대지구입비, 가구 (싱크대, 신발장, 붙박이장)
기반시설 인입 (수도, 전기, 가스 등)
토목공사, 조경비 등

햇살 품은 2세대 주택

트렌디함을 품고 태어난 주택. 전체를 세라믹 사이딩으로 적용해 모던하면서 깔끔한 일본식 주택 스타일로 완성했습니다. 투톤의 세라믹 사이딩 적용으로 무게감과 깨끗함을 모두 가져갈 수 있도록 디자인했으며, 리얼징크와 이건 알루미늄 3중 시스템 창호 적용으로 방수와 단열을 모두 만족시킨 주택입니다.

월간 홈트리오 3월호 두 번째 모델과 같은 평면으로 구성한 주택이며, 벽돌이 아닌 다른 외장재의 느낌을 원하시는 분은 깔끔한 느낌의 세라믹 사이딩을 고려해보시는 것도 좋을 듯합니다.

같은 평면이라고 해서 집의 이미지가 동일하게 나오는 것은 아닙니다. 어떤 외장재로 마감할지, 창문 디자인은 어떤 식으로 할지, 지붕의 형태는 어떻게 디자인할지에 따라 같은 평면이어도 완전히 다른 느낌의 주택이 됩니다.

외장재가 생각보다 다양하리라 생각하지만 큰 틀에서 따져보면 생각보다 많지 않습니다. 결국에는 벽돌을 사용할 것이냐, 사이딩류를 사용할 것이냐, 이것도 아니라면 스타코플렉스처럼 바르거나 뿌리는 것으로 마감할 것이냐. 이 세 가지 항목에서 거의 결정된다고 해도 무방합니다.

세라믹 사이딩을 설계에 적용할 때 저희가 건축가적 입장에서 원하는 느낌은 깔끔하고, 깨끗하며, 정갈한 느낌의 세련됨입니다. 벽돌은 묵직함을 주지만 깨끗한 느낌과는 약간 거리가 있습니다. 스타코플렉스는 깔끔한 느낌은 나지만 가벼운 느낌을 지울 수 없습니다.

이번 평면을 구성하면서 저희가 생각했던 초안은 깨끗하게 날아가 버렸습니다.

"거실에는 TV를 설치할 수 있게 해야지"

"거실과 주방은 무조건 크게 해야 좋을 거야"

"현관을 분리하지 말고 하나로 구성해 더 넓은 오픈공간을 마련해주자"

처음 설계 방향을 잡을 때 위와 같은 생각을 했었는데요. 설계를 진행하면서 "아, 나도 모르는 사이에 고정관념에 사로잡혀 있었구나"라는 생각을 했습니다.

아무래도 가장 많이 접하는 환경에 따라 집이라는 매개체와 공간 이미지가 다르게 변화한다고 생각합니다.

건축가의 한 사람으로서 모든 공간 구성 방법을 열어놓고 생각했어야 하는데 어느 순간 건축주님의 라이프스타일을 고려하지 않고, 제 라이프스타일에 맞춰서 설계하고 있더라고요.

많이 반성했습니다.

월간 홈트리오를 발행하면서 정말 많은 이야기와 내용을 담아냅니다. 매번 다른 콘셉트와 방향. 그리고 다양한 시도들.

글을 발행하면서 가장 많이 느끼는 것은 저 스스로 돌아볼 수 있는 계기가 된다는 것입니다.

5년 전에 썼던 글과 지금 쓰는 글을 보면 조금씩 집을 바라보는 시각이 달라지고, 그전에는 고려하지 않았던 부분들을 이제는 더 중요하게 바라보기도 하고.

월간홈트리오가 다양한 평가와 의견을 듣는 것으로 알고 있습니다. 잘못된 부분은 겸허히 받아들이고자 합니다. 다만 조금 더 열린 마음으로 바라봐주셨으면 하고, 새로운 시도를 하는 만큼 따뜻한 사랑과 관심으로 계속 지켜봐 주셨으면 합니다.

#세라믹사이딩 #ZEN스타일 #깔끔한분위기 #2세대주택 #도심형단독주택

1F - 145.32 m²

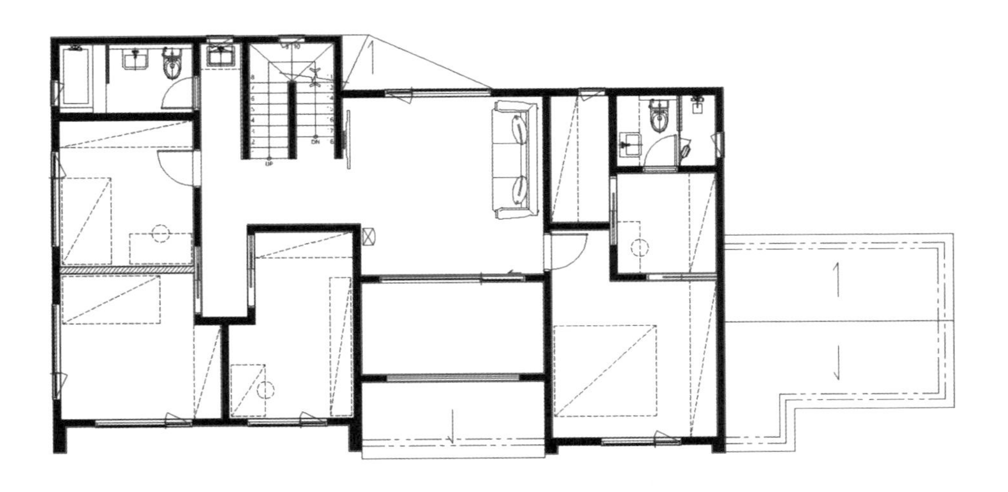

2F - 119.97 m²

■ 이동혁 건축가

디자인은 아무래도 취향을 많이 타는 부분이라 보는사람마다 그 평가가 다릅니다. 특히 외부로 보이는 부분에서 건축주님은 제 3자의 의견에 생각보다 많이 귀 기울이게 됩니다. 문제는 앞서 말씀드린 것과 같이 디자인은 취향을 많이 탄다는 것이겠지요. 이 집에 사는 사람은 건축주님 가족입니다. 옆 사람의 이야기는 충고일 뿐입니다. 또한, 건축가가 제안하는 것에는 그만한 이유가 항상 있기 마련입니다. 모든 디자인의 첫 번째는 하자방지를 전제조건으로 합니다. 무리하게 지을 필요 없으며 특히 누수의 위험이 있는 디자인은 절대로 해서는 안 됩니다.

■ 정다운 건축가

세라믹 사이딩은 다양한 색감과 패턴이 있습니다. 3D 투시도는 아무래도 느낌과 색감이 강조되다 보니 질감이나 패턴은 못 느낄 수밖에 없습니다. 저희 회사가 갖춘 샘플만 해도 30개가 넘습니다. 세라믹 사이딩을 선택하시는 분은 다양한 샘플을 검토한 후, 내 집과 가장 어울릴만한 패턴과 색감을 결정하시면 되고 두께는 16T 정도가 적당합니다. 더 두꺼우면 그만큼 단가가 올라가 가성비가 떨어집니다. 항상 말하듯 적정선에서 결정하여 내 집에 시공하시는 것을 추천합니다.

■ 임성재 건축가

이번 주택처럼 2세대가 함께 생활하는 집을 설계할 때는 일단 아파트의 일반적인 평면은 잊어버리세요. 각 세대에 실거주하는 분의 라이프스타일을 검토하여 짓는 것이 중요하고 거실에서는 어떤 행위를 할지, 방에는 어떤 가구가 필요한지 등을 고려하여 설계해야 합니다. 아파트는 한 구획 안의 많은 집들이 일정한 빛을 받기 위해 콤팩트하게 평면을 구성해 놓은 것이지 절대 쾌적성이 높은 공간으로 구성한 것이 아닙니다. 아파트가 정답이라고 생각해 그 평면 안에서만 움직이시는 분이 계시는데 그럴 필요 없이 좀 더 자유롭게 공간을 설계하시는 것을 추천합니다.

Hidden Page 01

구례의 별빛

37평 인테리어 제안

따뜻한
보금자리를 꿈꾸며

따뜻한
보금자리를 꿈꾸며

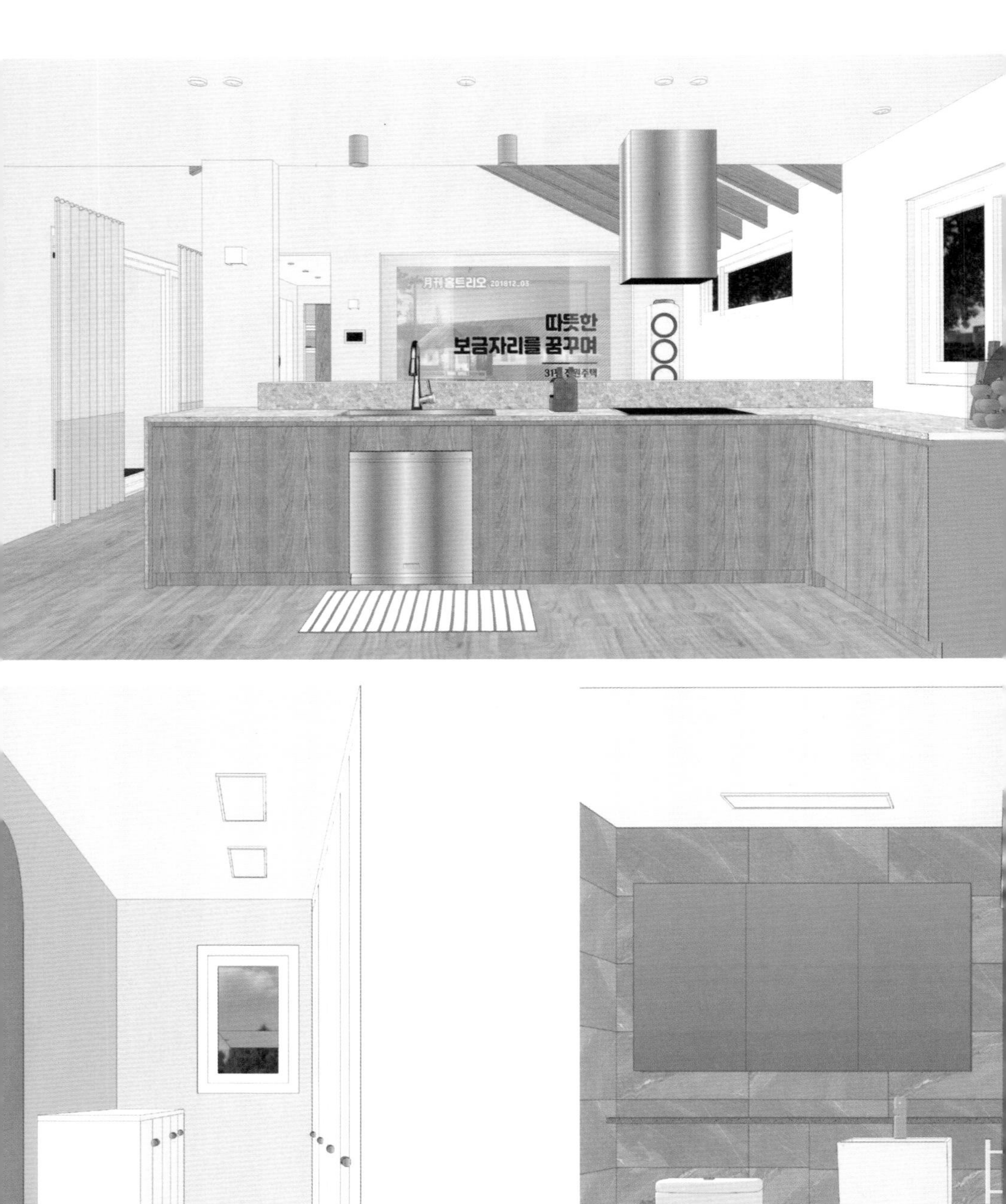

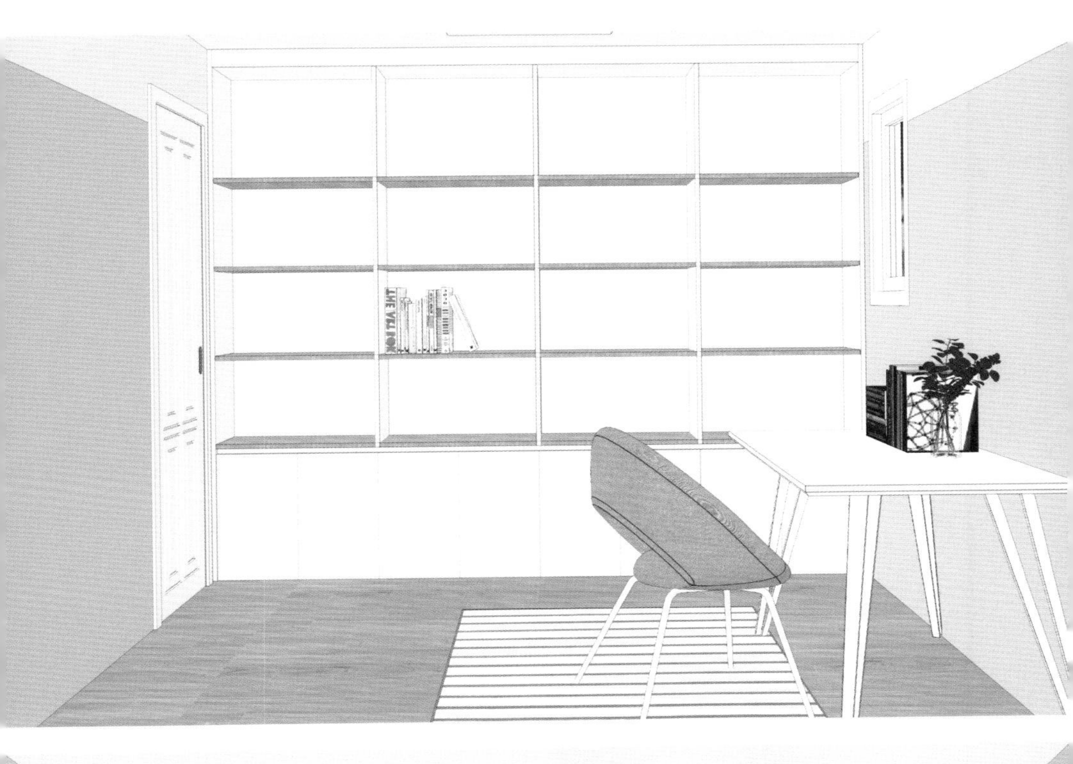
THE ART BOOK

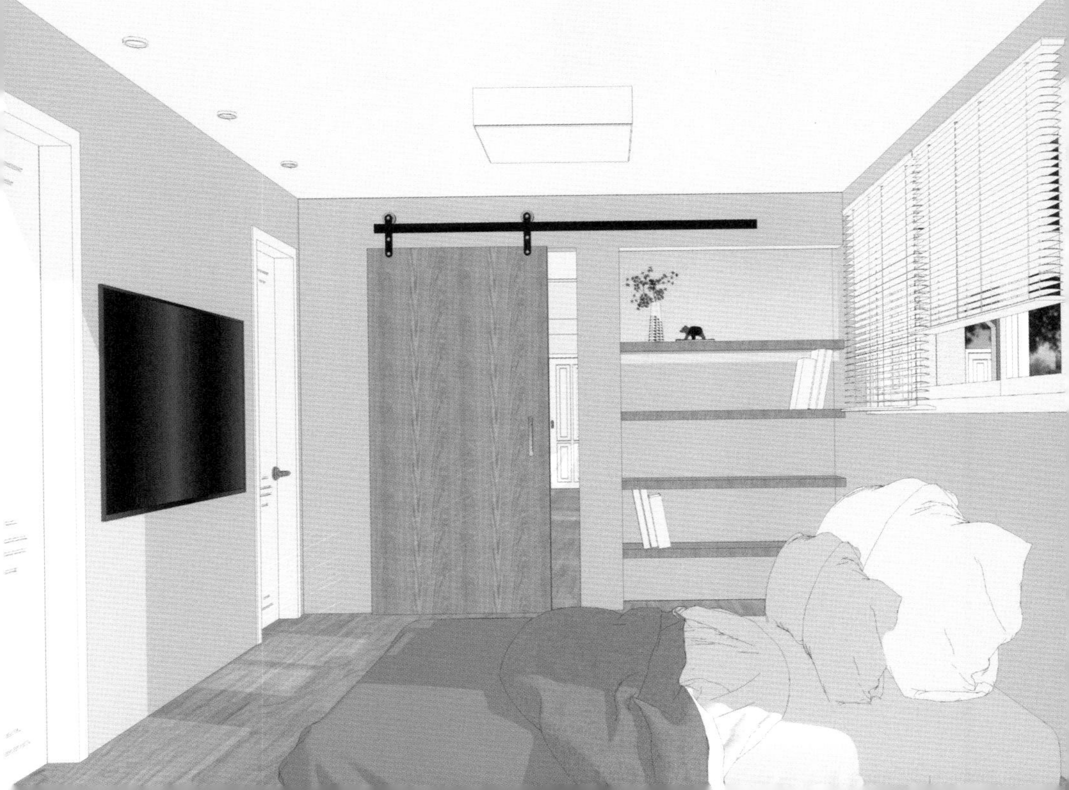

Hidden Page 02

햇살 따스한 집

47평 인테리어 제안

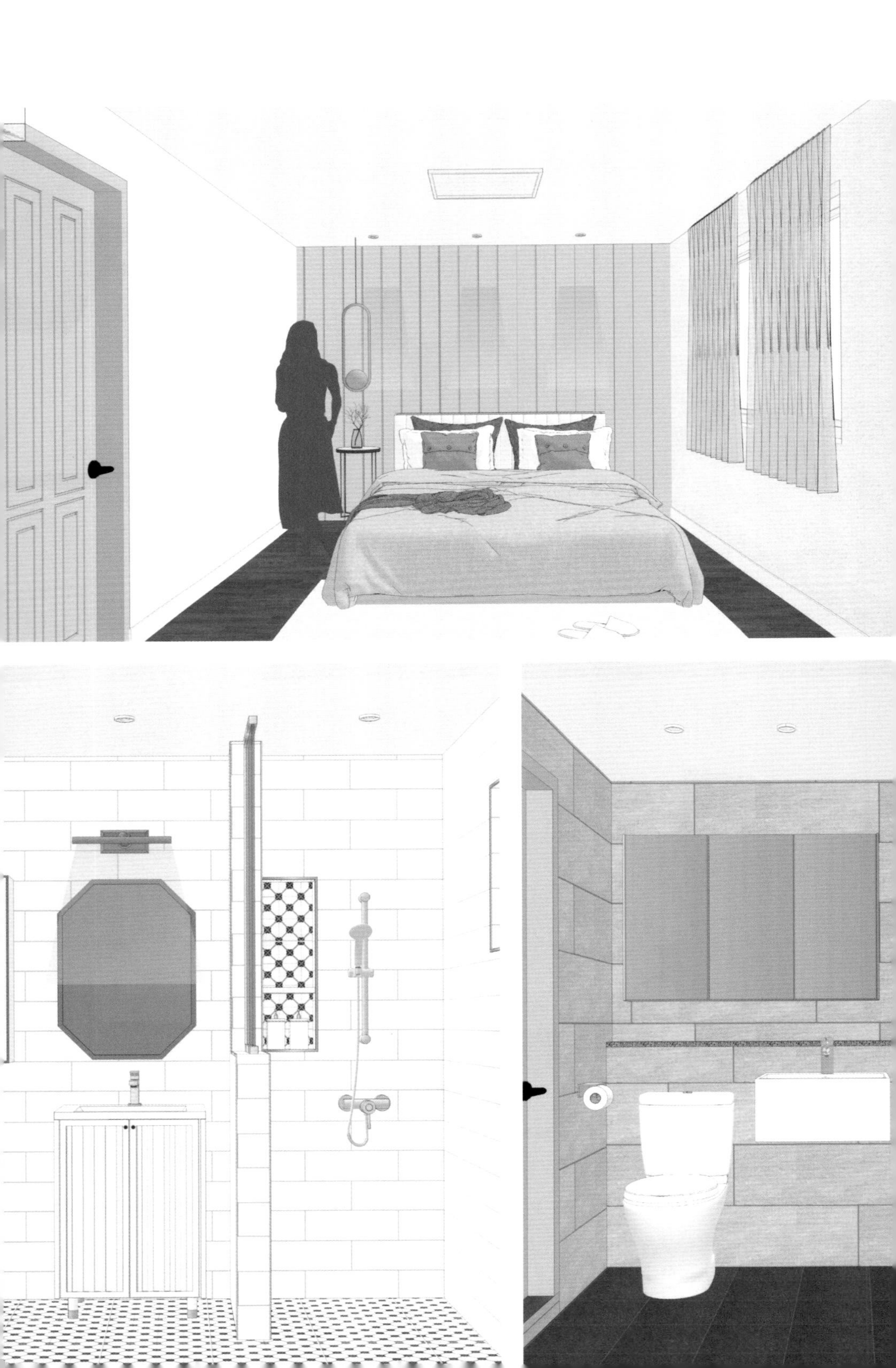

PART 04

4월, 곡우(穀雨)

봄비가 내려요

봄비가 내리는 날

따뜻한 우유 한잔에
처마 끝에서 떨어지는 빗방울을 보고 있으면

TV에서 말하던
'비(를보고) 멍(때리는)'이 시작될 것 같아요.

특별한 것은 아니지만 그냥...
그냥 이 빗소리와 여유가 좋게 느껴지네요.

겨울에 핀 꽃

HOUSE **PLAN**

공법 : 철근콘크리트
건축면적 : 221.86 m²
1층 면적 : 77.14 m²
2층 면적 : 77.14 m²
3층 면적 : 67.58 m²

지붕마감재 : 리얼징크(0.7T)
외벽마감재 : 모노롱블럭(조적)
포인트자재 : 모노롱블럭, 리얼징크
벽체마감재 : 실크벽지 + 도장마감
바닥마감재 : 이건 강마루, 포세린타일
창호재 : 이건 알루미늄 3중 시스템창호 (로이양면)

예상 총 건축비 _

560,000,000 원

· 부가세 포함, 산재보험료 포함
· 설계비, 인허가비, 구조계산 설계비 별도

설계비 _
13,400,000 원 (부가세 포함)

인허가비 _
6,700,000 원 (부가세 포함)

구조계산 설계비 _
6,700,000 원 (부가세 포함)

인테리어 설계비 _
6,700,000 원 (부가세 포함)

건축비 외 부대비용 _
대지구입비, 가구 (싱크대, 신발장, 붙박이장)
기반시설 인입 (수도, 전기, 가스 등)
토목공사, 조경비 등

겨울에 핀 꽃

일산 풍동 애니아트힐즈 도심형 전원주택 단지에 설계된 화사한 느낌의 도심형 단독주택.

시내 중심가에 짓는 이번 주택을 설계하기 위해 다양한 아이디어를 두고 고민했습니다. 도심형 단독주택 단지의 특성상 단지별 디자인 조례가 있기 때문에 그 법규를 만족하면서 이 집만의 유니크함을 디자인으로 표현하고자 큰 노력을 기울였습니다.

3층 규모의 매스를 잡고 4인 가족이 생활하기에 부족함이 없게 공간을 구성했으며, 단독주택이 가진 매력을 듬뿍 느낄 수 있도록 다양한 공간 아이디어들을 접목했습니다.

이번 주택의 외장은 가로로 긴 벽돌인 모노롱벽돌을 조적으로 쌓아 마감했습니다. 무게감 있는 와이드 벽돌에 밝은 회색톤의 색감을 적용해 독특함을 표현했습니다. 입면 매스를 디자인할 때 전체적인 느낌 또는 방향성 정도만 정해놓고 평면부터 구성하는 것이 좋습니다. 너무 외관에 치중하다 보면 정작 중요한 내부 공간 설계를 엉망으로 하는 경우가 있거든요.

이번 주택 설계의 특징은 층별로 구분된 공간 구성일 것입니다.

1층에 방을 없애는 대신 넓은 거실과 주방, 식당 공간을 확보했고 벽이 거의 없기 때문에 현관에 들어왔을 때 탁 트인 넓은 공간을 마주할 수 있습니다. 1층의 정확한 면적은 23.3평입니다. 23평이라는 공간만 보면 절대 큰 공간이 아닌 것을 여러분도 아실 수 있을 것입니다. 그렇기에 어설프게 이 공간을 벽으로 구분 지으면 안 그래도 작아 보이는 공간이 더 작아 보이게 됩니다.

다리가 불편한 부모님 집을 짓는 경우에는 당연히 1층에 방이 있어야겠지만 만약 젊은 건축주님의 집을 짓는다면 1층에 안방을 고집할 이유가 없다는 것을 이번 사례를 통해 말씀드리고 싶었습니다.

공간을 층간 분리하는 것은 그동안 스킵플로어 형태의 협소 주택이나 땅콩 주택에서 많이 사용했던 설계기법이었습니다. 벽을 통해 공간을 구성하는 것이 아닌 층을 통해 동선과 구획을 나누어 보이지 않던 공간을 최대한 오픈시켜주는 것이 그 목적이었습니다.

스킵플로어 형식은 아니지만, 이번 주택처럼 3층 이상의 단독주택이라면 층간 동선 분리로 공용공간, 안방 공간, 자녀 공간을 확실히 구분 지을 수 있다는 점을 아이디어로 얻어가셨으면 합니다.

이번 주택에서는 단열을 준 패시브 급으로 꽉 채워 놓았습니다. 물론 금액이 많이 상승했지만, 난방비를 생각하신다면 더 높은 효율을 기대할 수 있습니다.

창문은 모두 이건 알루미늄 3중 시스템 창호를 적용했습니다. 양면 로이코팅을 해서 단열을 강화했으며, 프레임 반 강화와 진공 유리까지 적용해 창호에서 기대할 수 있는 최고 수준의 단열을 확보했습니다.

외단열은 중부지방 기준으로 적용했으며 내부 8mm 열반사 단열재를 추가 보강하여 내부의 단열성능을 더 높였습니다. 단열효과가 좋은 내부 열반사 단열재는 내부의 결로를 1차적으로 방지할 수 있다는 점이 큰 장점입니다.

심플한 옷을 입은 멋스러운 단독주택. 일산 풍동 애니아트힐즈의 랜드마크가 될 주택이라 확신하며, 도심형 단독주택을 고민 중이신 분이라면 많은 참고를 할 수 있는 랜드마크적인 표본 주택이라 평하고 싶습니다.

#일산풍동 #애니아트힐즈 #모노롱벽돌 #모던스타일 #철근콘크리트주택

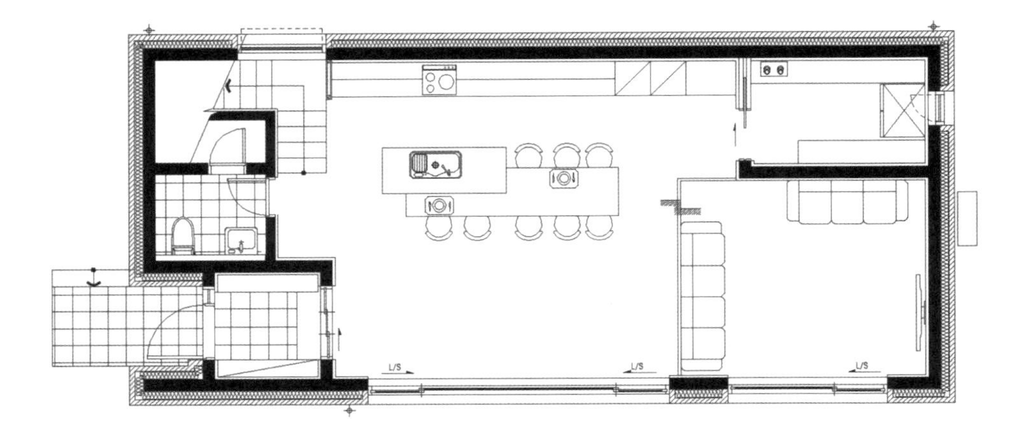

1F - 77.14 m^2

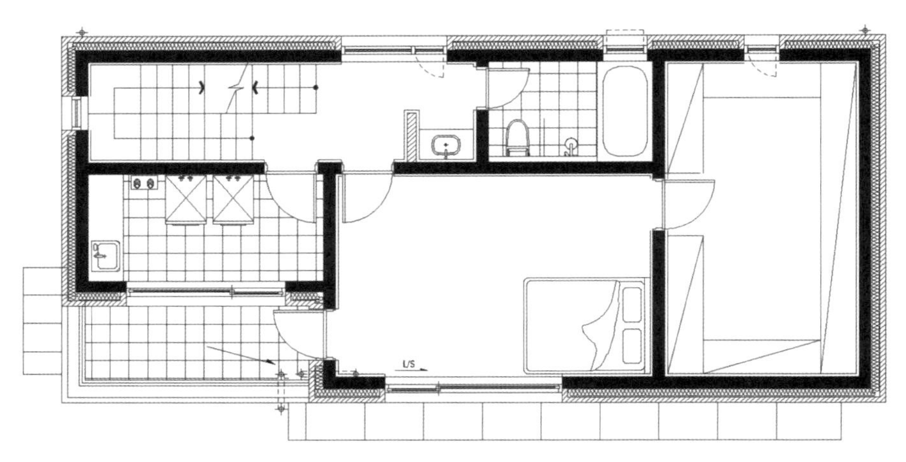

2F - 77.14 m^2

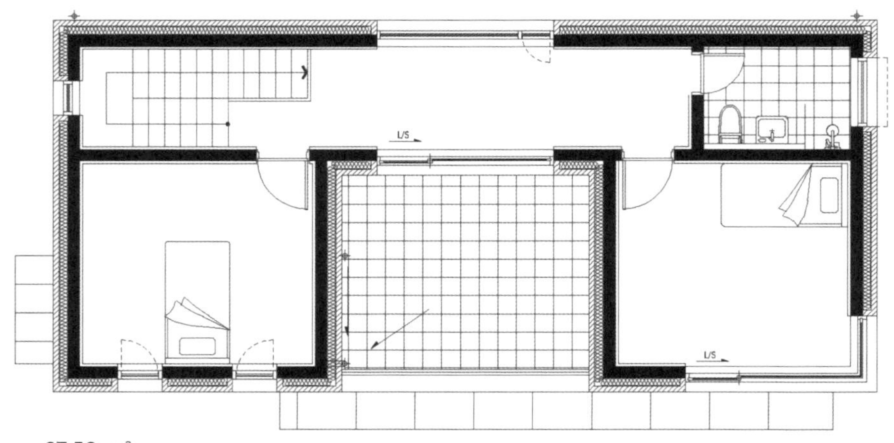

3F - 67.58 m^2

이동혁 건축가

일반적인 벽돌이 식상하다 생각하시는 분은 가로로 긴 모노롱 벽돌을 고려하시면 좋을 듯합니다. 긴 벽돌을 조적식으로 쌓아 올린다고 생각하시면 되고, 일반 벽돌의 비율보다 가로가 길기 때문에 집이 더 커 보이는 효과를 얻을 수 있습니다. 다만 문제가 있다면 저렴하지는 않습니다.

정다운 건축가

평면을 구성하실 때 공용 공간과 개인 공간을 명확하게 구분하는 것이 좋습니다. 2층 주택은 일반적으로 코어라고 하는 계단실과 화장실을 중심으로 각 구역을 구분하는데 층수가 3층 이상 되면 이번 주택처럼 층간 분리를 고려하시는 것도 좋습니다. 1층은 완벽한 공용공간으로 구성하고, 2층은 부모님이 거주하는 안방 존, 3층은 자녀 존으로 구성하여 특별히 벽을 만들지 않고도 동선과 공간이 자연스럽게 층간 분리되는 효과를 누리실 수 있습니다.

임성재 건축가

모던한 느낌의 건물을 디자인할 때에는 최대한 면을 깔끔하게 잡는 것이 좋습니다. 박스형 이미지가 너무 공장 같다고 싫어하시는 분도 계신데 이는 입면을 디자인할 때 볼륨감을 고려하지 않아서 그렇습니다. 깔끔하고 모던한 느낌을 주되 일반적인 박스형 이미지로 보이지 않게 하기 위해서는 일정 부분 들어가고 나오는 부분이 있어야 하며, 층별로 창문의 크기 등을 조절해 주어야 합니다.

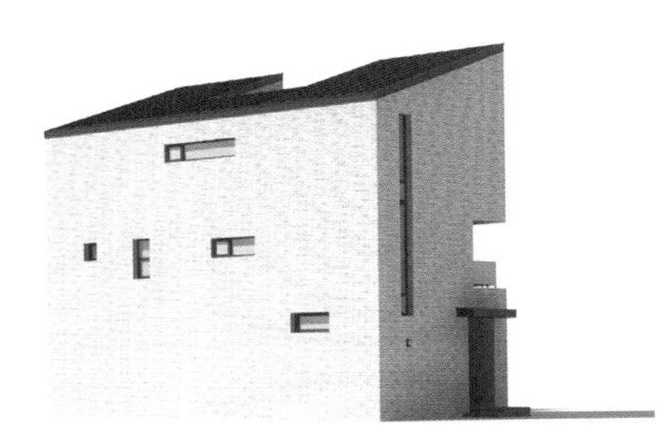

0402 _ 46평 경량목구조

봄바람을 그리다

HOUSE **PLAN**

공법 : 경량목구조
건축면적 : 152.64 m²
1층 면적 : 91.95 m²
2층 면적 : 60.69 m²

지붕마감재 : 아스팔트슁글
외벽마감재 : 스타코플렉스
포인트자재 : 파벽돌, 리얼징크
벽체마감재 : 실크벽지
바닥마감재 : 강마루
창호재 : 이건 알루미늄 3중 시스템창호

예상 총 건축비 _

290,800,000 원

· 부가세 포함, 산재보험료 포함
· 설계비, 인허가비, 구조계산 설계비 별도

설계비 _

6,900,000 원 (부가세 포함)

인허가비 _

4,600,000 원 (부가세 포함)

구조계산 설계비 _

4,600,000 원 (부가세 포함)

인테리어 설계비 _

4,600,000 원 (부가세 포함)

건축비 외 부대비용 _

대지구입비, 가구 (싱크대, 신발장, 붙박이장)
기반시설 인입 (수도, 전기, 가스 등)
토목공사, 조경비 등

봄바람을 그리다

따스한 봄바람을 맞으며 푸르른 잔디가 깔린 앞마당에서 커피 한 잔의 여유를 즐긴다는 것. 어쩌면 특별한 일이 아닐 수도 있지만, 그 자체만으로 힐링이 되고 마음에 여유를 가질 수 있는 일이 될 수 있다고 생각합니다.

화려하지 않지만 수수한 느낌의 멋과 안정감 있는 디자인으로 완성한 이번 주택. 광주광역시에 실제로 지어질 건축주님의 고즈넉한 집. 여유롭고 평화로운 전원주택의 삶이 저절로 이루어질 것 같은 기분이 듭니다.

글을 쓰고 있는 날의 온도는 영상 12도를 가르키고 있네요. 완연한 봄이 온 것 같습니다. 긴 겨울을 지나 이렇게 따스한 봄바람이 불어올 때면 왠지 모를 설렘이 마음속에 자리 잡는데요. 저만 그런가요?

마당 있는 집을 가지는 꿈. 그리고 멋진 2층 집.

상상만으로도 미소가 머금어지는 생각일 것입니다.

설계를 하다 보면 여러 가지로 막히는 부분이 많습니다. 건축가로서는 디자인이 약간 부족해도 하자가 발생하지 않는 것을 최우선으로 하고, 건축주님의 입장에서는 조금 위험을 감수하더라도 예쁘게 가자고 요청하시죠.

솔직히 가끔은 눈 딱 감고 '아 그냥 넘어갈까?'라는 생각도 하는데요. 이런 생각이 지금 당장은 좋을지 모르겠지만 2년 뒤, 3년 뒤에 하자로 다가오니 지금 힘들더라도 건축주님을 설득해 안전하게 가는 쪽으로 설계를 합니다.

가장 안전한 설계 그리고 하자가 없는 집.

이런 집을 짓는 방법은 의외로 간단합니다. 일단 모두 지붕을 덮고 실외 면적을 줄이면서 창문으로 싹 막아줄 것. 꺾이는 부분을 줄이고 단열재의 틈이 벌어지지 않게 할 것.

솔직히 말이 쉽지 잘못했다가는 창고처럼 변해버립니다. 그래서인지 요즘 주택 필지 안에 지어지는 집의 10개 중 1개는 정말 창고처럼 짓고 있는 것을 심심치 않게 볼 수 있습니다. 그것은 정답이 아니니 창고처럼 짓는 것은 피해 주세요.

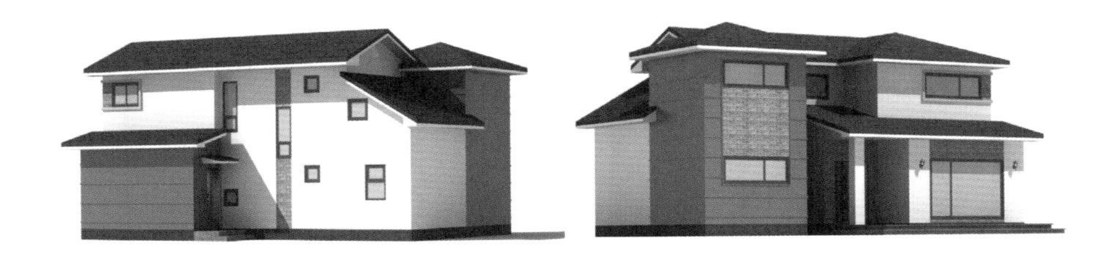

평면의 특징으로는 크게 두 가지의 포인트를 이야기할 수 있을 것 같습니다. 첫째는 거실과 주방의 원 스페이스 구성.

둘째는 2층의 가벽 구성.

현관에 들어왔을 때 내부 공간이 넓게 보이기 위해서는 이번 주택의 주방, 거실 구성이 최고입니다. 일단 벽이 없어야 하고, 가시적으로 막히는 공간이 없어야 합니다. 추가로 거실 쪽 파티오 창을 크게 뚫어준다면 3박자가 완벽히 맞는 대공간을 맞이할 수 있을 것입니다.

2층의 방 2개 사이를 가벽으로 막았는데 이는 추후 자녀들이 분가했을 때 가족실 및 취미공간실로 넓게 사용하기 위함입니다. 목조주택의 경우 모두 내력벽이기 때문에 미리 가벽 처리 해 놓지 않으면 나중에 벽을 허무는 것이 불가능하다는 점을 기억하셔야 합니다.

마지막으로 전원생활을 이제 막 시작하시는 분들께 조언드리고 싶은 말은
"집에 돈 많이 들이지 마세요." 이상입니다.

#봄바람 #46평전원주택 #세련됨 #안정감 #가성비주택

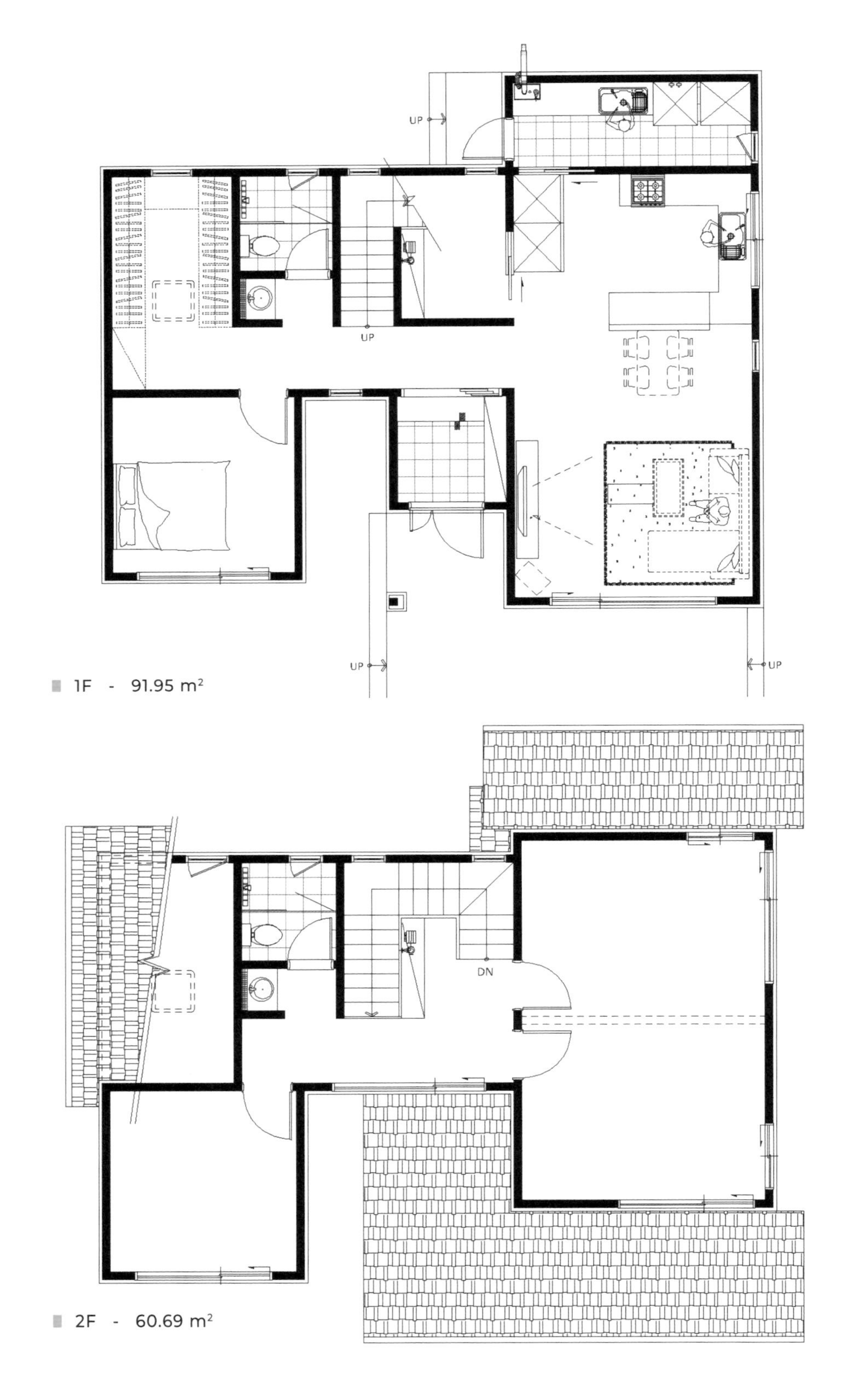
UP
UP
UP
UP
1F - 91.95 m^2
DN
2F - 60.69 m^2

■ 이동혁 건축가

집에서 가장 중요한 공간은 어디일까요? 거실을 중심으로 동선이 퍼지는 아파트 생활이 익숙한 분이라면 아마 대부분 거실이라고 답하실 것입니다. 하지만 전원주택에서 기준을 잡는데 가장 중요한 공간은 주방입니다. 어느 정도의 싱크대가 들어갈지, 아일랜드를 놓을지, 식탁은 몇 인용인지, 다용도실에는 무엇이 들어갈지 등에 따라 집의 평수가 결정됩니다. 방, 거실, 화장실, 계단실 등은 거의 정해져 있기 때문에 크게 고민하지 않으셔도 됩니다. 설계가 어려운 분은 이것만 기억하세요. '싱크대를 몇 미터짜리로 놓고 싶고, 다용도실은 어느 정도로 만들었으면 좋겠다.' 이것만 확정되면 대략적인 평수가 정해집니다.

■ 정다운 건축가

출가를 앞둔 자녀의 방을 미리 만들어야 할지 고민이신 분이 많습니다. 어설프게 공간을 많이 만들자니 관리가 안 될 것 같고, 그렇다고 안 만들 수는 없고. 그래서 최근에는 가벽을 사용해 방을 설계합니다. 목조주택은 모두 힘을 받는 내력벽 구조라서 벽을 털어낼 수 없습니다. 만약 나중에 두 개의 방을 하나로 합쳐서 가족실이나 취미 공간으로 사용하실 분이라면 이번 주택의 2층처럼 가벽에 대한 설계를 미리 받아놓는 것이 좋습니다. 폴딩도어로 공간을 분리할 수도 있고 말 그대로 가구 등을 이용해 공간을 분리하는 가벽을 만들 수도 있습니다.

■ 임성재 건축가

집을 설계하는 순서는 집을 배치하고 내부 평면설계를 합니다. 그 이후 벽을 올리고 입면을 잡습니다. 외관 디자인만 신경 쓰다가 정말 중요한 내부 공간을 망치는 경우를 많이 보는데요. SNS에서 조금 괜찮고 넓어 보이는 집들은 제가 장담하는데 대부분 60평 이상일 것입니다. 우리가 주로 짓는 집은 30~40평형대입니다. SNS에서 보시는 집의 입면 디자인이 마음에 드신다면 콘셉트만 가져와 내부 구성을 끝낸 후 입히는 것이 좋습니다.

햇살 품은 집

HOUSE **PLAN**

공법 : 경량목구조
건축면적 : 177.45 m²
1층 면적 : 98.80 m²
2층 면적 : 78.65 m²

지붕마감재 : 아스팔트쉬글
외벽마감재 : 스타코플렉스
포인트자재 : 파벽돌
벽체마감재 : 실크벽지
바닥마감재 : 강마루
창호재 : 이건 알루미늄 3중 시스템창호

예상 총 건축비 _
342,200,000 원

· 부가세 포함, 산재보험료 포함
· 설계비, 인허가비, 구조계산 설계비 별도

설계비 _
8,100,000 원 (부가세 포함)

인허가비 _
5,400,000 원 (부가세 포함)

구조계산 설계비 _
5,400,000 원 (부가세 포함)

인테리어 설계비 _
5,400,000 원 (부가세 포함)

건축비 외 부대비용 _
대지구입비, 가구 (싱크대, 신발장, 붙박이장)
기반시설 인입 (수도, 전기, 가스 등)
토목공사, 조경비 등

햇살 품은 집

봄 햇살을 맞으며 주방 앞 데크에서 달콤한 커피 한 잔 하는 여유.
마당이 주는 심리적 안정감과 생활의 윤택함은 아파트에서 느낄 수 없는 전원주택만의 매력입니다. 특히 비가 올 때 마당의 잔디에 내려앉는 빗소리를 듣고 있으면 정말 멍 때림의 무아지경에 빠질 때도 있답니다.

무언가를 해야 하고 쉬면 안 될 것 같고, 끊임없이 달려야 할 것 같은 느낌.
전원주택을 꿈꾸고 마당 있는 집을 원하시는 분들의 꿈은 생각보다 소박하답니다. 많은 것을 원하는 것이 아닌 마음의 여유와 복잡하지 않은 삶을 만들어나가는 것.

그 마음을 알기에 집을 설계하고 지을 때 정말 많은 고민을 같이하고, 원하는 집의 모습을 최대한 구현하려고 노력합니다.

이번 평면은 좌우로 펼쳐진 형태의 공간 구성이라 할 수 있습니다. 저희가 가장 많이 사용하는 공간 구성인 현관을 중심으로 좌우를 나누어주고, 거실과 주방을 하나의 공간으로 만들어 최대한 넓어 보이도록 했습니다.

목조주택은 기둥과 기둥의 최대 간격이 5m를 넘을 수 없습니다. 그래서 큰 평수든 작은 평수든 간에 관계없이 거실의 크기는 4.8m 정도의 폭을 갖습니다. 더 넓은 공간이 필요하다면 이번 주택처럼 중간에 기둥을 박은 뒤 주방 공간을 연달아 배치해 넓어 보이도록 구성하는 방법밖에는 없습니다.

입면을 디자인하면서 최대한 간결한 느낌의 모던 스타일을 만들려고 노력했습니다. 복잡하지 않게 꼭 있어야 할 것만 있으며, 포인트에 무게감을 주고 안정과 균형이 느껴지도록 지붕을 디자인해 조화롭게 집을 완성했습니다.

목조주택은 외벽의 갈라짐을 방지하기 위해 탄성이 있는 스타코플렉스를 주로 사용합니다. 벽돌로 다 감싸도 되지만 외장재 비용이 만만치 않은 만큼 벽돌을 어느 정도 붙일 것인지에 따라 건축비가 크게 달라진다는 점을 인지하셔야 합니다.

마지막으로 집에 있어서 당연한 것. 그것은 단열과 누수방지라고 생각합니다. 하지만 이 당연한 것이 설계에 따라 당연하지 않은 것이 될 수 있습니다. 손이 덜 가고 관리가 편한 집. 그리고 하자가 없는 집. 이 방법은 생각보다 쉽습니다. 모든 공간에 지붕을 덮어주고, 창을 달아 주는 것. 이것이 바로 핵심입니다.

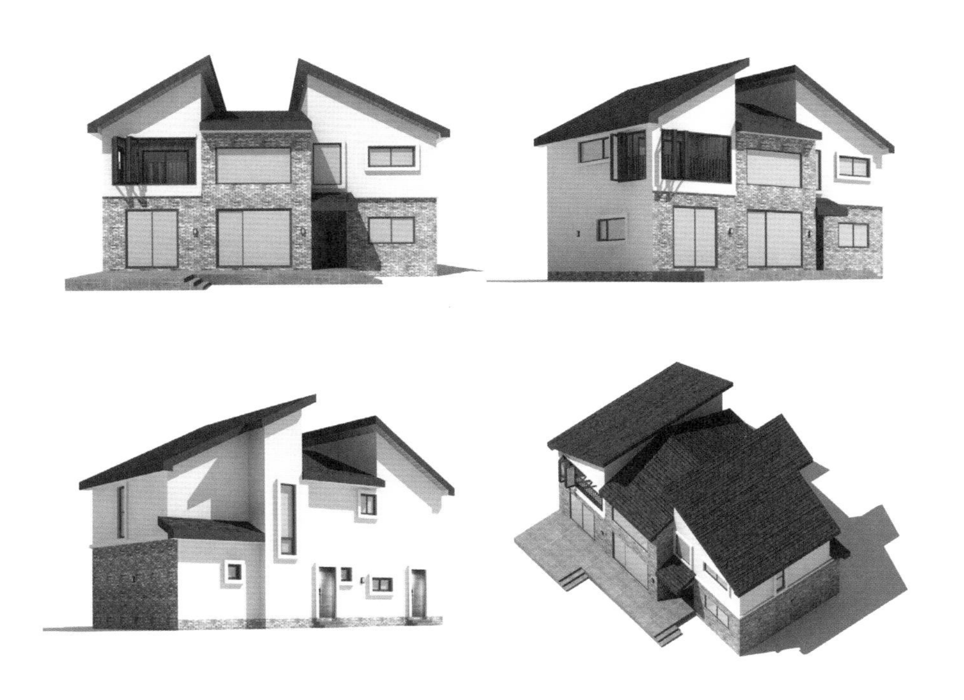

#54평전원주택 #밝은느낌 #손주들을위한집 #마당넓은 #균형감최고

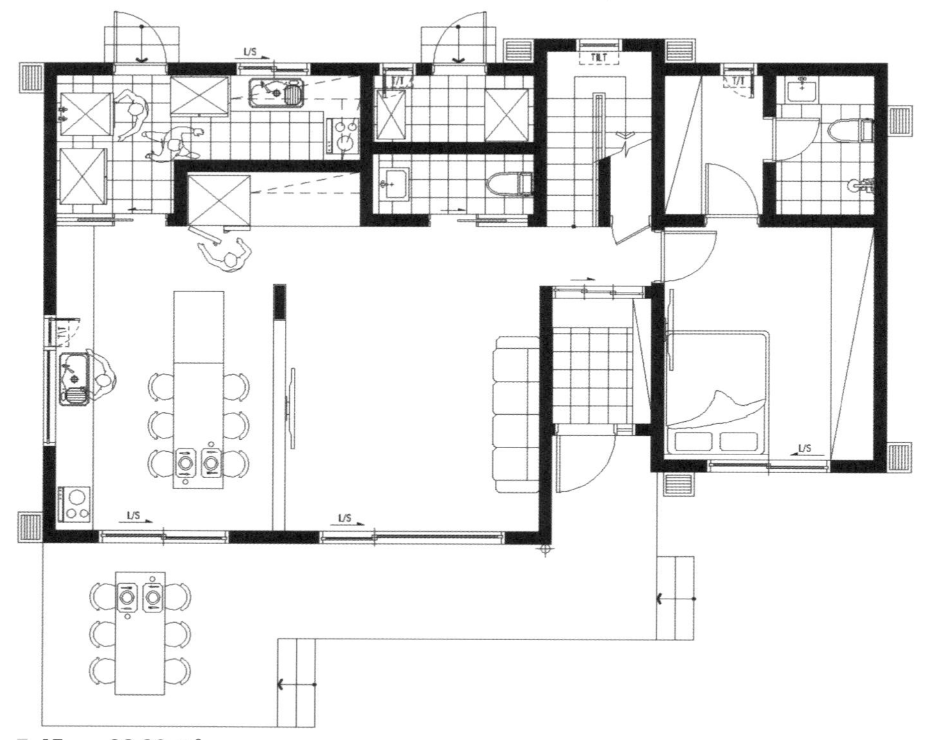

1F - 98.80 m^2

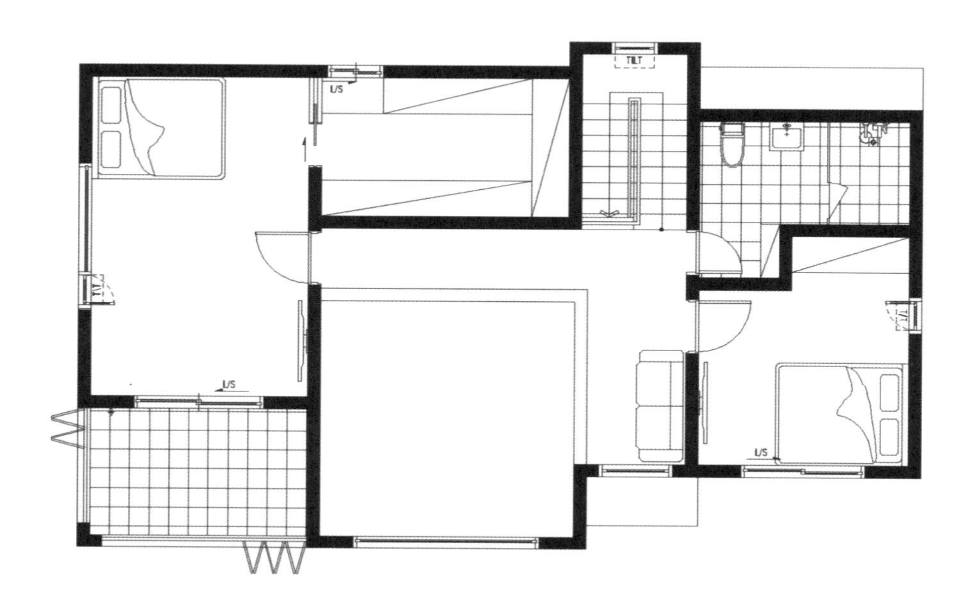

2F - 78.65 m^2

■ 이동혁 건축가

지붕 디자인이 간결할수록 누수 가능성은 작아집니다. 한때 지붕 디자인을 많이 쪼개고 다양하게 구성하는 것이 유행일 때도 있었지만 그것은 정말 잠깐의 유행이었을 뿐 결국에는 다시 간결하고 하자가 적은 디자인으로 돌아왔습니다. 모던한 느낌이라고 하죠. 간결한 선과 복잡하지 않은 박스형 디자인. 공장 같지 않으면서 멋스러움을 표현할 수 있는 그런 디자인. 너무 복잡하게 짓지 않으셔도 돼요. 간결하면서 단순하게 그리고 밸런스 있게!!

■ 정다운 건축가

2층에 외부 발코니를 구성할 때 잠시 바람만 쐬는 공간인지, 아니면 겨울에도 사용할 공간인지 등을 정하는 것이 좋습니다. 만약 겨울에도 온실 개념으로 사용하실 거라면 처음 설계부터 이번 주택 사례와 같이 폴딩도어 등의 창을 달아 여름에는 열어 놓고 생활하고 겨울에는 닫아서 실내 온실 공간처럼 쓰시는 것이 좋습니다.

■ 임성재 건축가

이 집은 오픈 천장 옵션을 적용한 주택입니다. 현관에 들어왔을 때 아파트와는 다른 압도적 개방감을 느끼고 싶으신 분이라면 이 옵션을 추천해 드립니다. 층고가 6m 이상 올라가기 때문에 펜트하우스에서나 받을 수 있는 매력이 느껴집니다. 다만 우리나라는 온돌 난방 방식이다 보니 이 공간을 데우는 데 많은 시간이 걸린답니다. 오픈 천장을 적용하시는 분은 꼭 별도의 보조 난방기기를 설치하시기 바랍니다. 예를 들면 벽난로 같은 거요.

PART 05

5월, 입하(立夏)

여름의 시작

긴팔에서 반팔로 갈아입었어요.

낮에는 더워서 시원한 커피 한잔이 땡겨요.

그나마 저녁에는 선선한 바람이 불어서
낮의 더위를 식혀주네요.

오늘도 고생한 나에게
마당에 누워 시원한 모히또 한잔을 ~

E TRIO

심플함에 젊음을 더하다

HOUSE **PLAN**

공법 : 경량목구조
건축면적 : 128.09 m^2
1층 면적 : 95.70 m^2
2층 면적 : 32.39 m^2

지붕마감재 : 아스팔트쉬글
외벽마감재 : 스타코플렉스
포인트자재 : 합성목재
벽체마감재 : 실크벽지
바닥마감재 : 강마루
창호재 : 이건 알루미늄 3중 시스템창호

예상 총 건축비 _
249,700,000 원

· 부가세 포함, 산재보험료 포함
· 설계비, 인허가비, 구조계산 설계비 별도

설계비 _
5,850,000 원 (부가세 포함)

인허가비 _
3,900,000 원 (부가세 포함)

구조계산 설계비 _
3,900,000 원 (부가세 포함)

인테리어 설계비 _
3,900,000 원 (부가세 포함)

건축비 외 부대비용 _
대지구입비, 가구 (싱크대, 신발장, 붙박이장)
기반시설 인입 (수도, 전기, 가스 등)
토목공사, 조경비 등

심플함에 젊음을 더하다

젊은 건축주님의 집. 화려한 느낌보다 수수한 느낌의 집을 원하셨던 건축주님을 위한 맞춤형 주택입니다. 정갈한 느낌의 외관에 블랙 도장 된 창을 넣어 그 자체로 포인트가 될 수 있게 설계했습니다.

거실에 오픈 천장 옵션을 적용해서 공간이 커 보이게 했고 39평의 내부 면적이지만 층고를 높여 더욱 개방감 있는 공간으로 만들었습니다.

이 집을 설계할 때 군더더기 없이 심플하고 깨끗한 첫인상의 집으로 완성하고 싶다고 생각했습니다. 무언가를 붙이거나 복잡하게 매스를 구성하기보다 그 자체로서 빛날 수 있는 그러한 집을 떠올리며 설계했습니다.

요즘 집을 지을 때 가장 많이 듣는 이야기는 단열에 관한 이야기입니다.
"우리 가족은 추위를 많이 타니 따뜻한 집으로 지어주셔야 해요"
"무조건 단열재를 두껍게 넣어주세요"

따뜻한 집, 물론 가능합니다. 다만 사람마다 따뜻함의 기준이 다를 뿐입니다.
요즘 건축법의 단열기준은 거의 준 패시브 급 정도로 엄청 고단열을 하도록 권장하고 있습니다. 솔직한 말로 벽 때문에 춥지는 않을 거라는 이야기를 종종 합니다. 특히 목조주택은 골조 사이사이에 단열재가 들어가고 실내의 벽에도 단열재가 모두 들어가기 때문에 일반 철근콘크리트 주택보다 단열이 높습니다.

그런데도 춥다고 하시는 분은 단열재가 아닌 창호에 돈을 들이시는 것이 낫습니다. 한겨울에 벽에 손을 대고 있어도 엄청 차갑다는 느낌은 없습니다. 하지만 창 유리에 손을 대면 엄청나게 차갑죠. 아무리 시스템 3중 창호라고 해도 결국 유리이기 때문에 열 손실은 발생할 수밖에 없습니다. 그렇다고 창을 작게 하면 전원주택의 매력이 떨어지니 그렇게도 할 수 없고, 결국에는 비싸더라도 좋은 창을 선택하고 로이코팅 한 번 할 거 두 번 하고, 최고의 경우에는 진공 유리까지 사용해서 열 손실을 막아주는 방법밖에는 없는데 문제는 가격이 엄청 비싸다는 것.

너무 이야기를 많이 드렸는데 항상 이야기 드리는 것은 내 예산 안에서 정리해 줄 것!!

이 세상에 좋은 자재들이 너무 많고, 예쁜 것도 많고 인터넷만 검색해도 1년에 정말 많은 신제품이 쏟아지고... 항상 이야기하듯 문제는 싸지 않다는 것이죠.

어떤 분이 그러더라고요. 박람회 갔더니 엄청 좋은 제품이 있는데 이거 왜 안 쓰고 있냐고. 보통 신제품이 현장에 도입되어 검증 단계를 거치려면 최소 3년이 걸립니다. 신제품이 좋을 수도 있지만 까딱했다가는 건축주님의 집이 그 제품의 시험대가 될 수 있기 때문에 절대로 바로 적용하지 않습니다. 눈에 띄는 제품이 있다고 해도 검증된 제품, 그리고 시험성적서가 있는 제품을 사용하시기 권해드립니다.

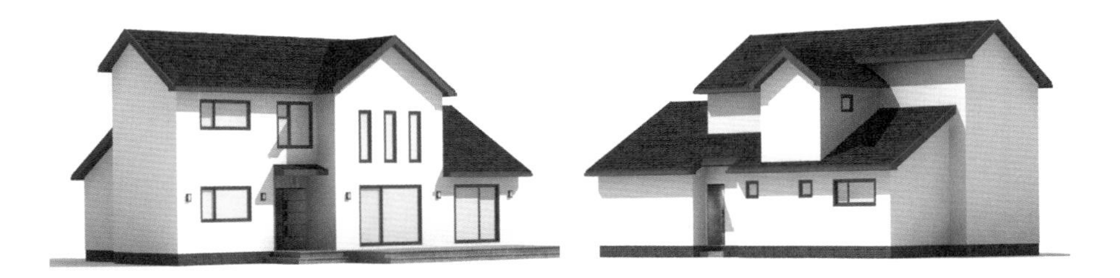

#젊은부부의집 #아름답다 #청초함 #가성비 #눈길가는집

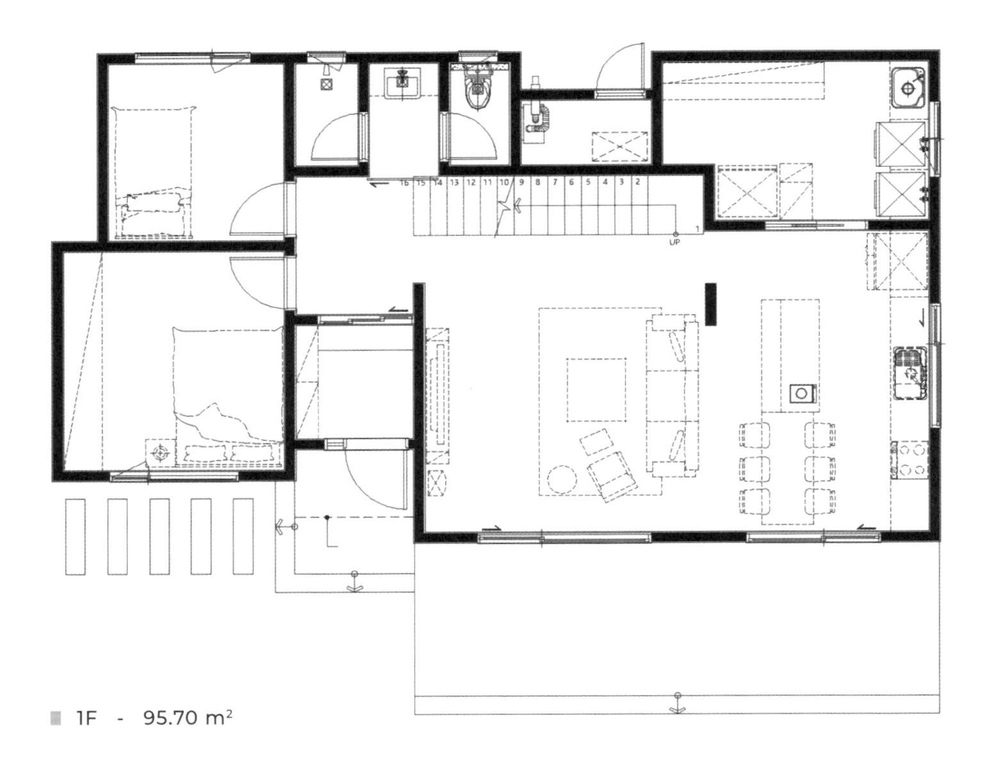

1F - 95.70 m²

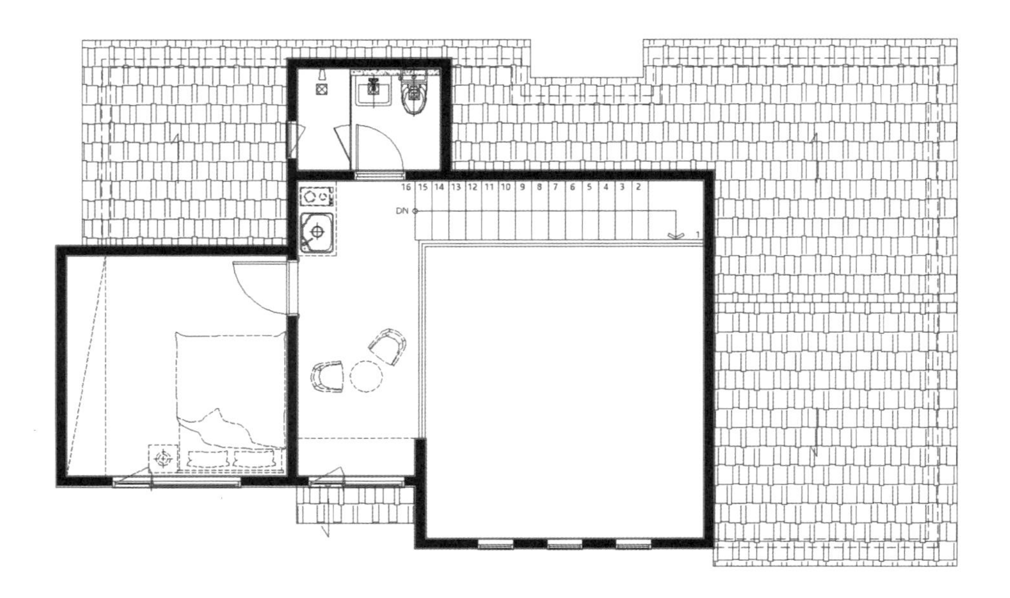

2F - 32.39 m²

■ 이동혁 건축가

이번 주택의 1층 화장실을 보면 독특한 구조라는 것을 알 수 있습니다. 샤워장, 세면대, 화장실 공간을 모두 분리했는데요. 보통 이 구조는 주택에서 잘 사용하지 않고 호텔이나 리조트 등의 숙박시설에서 많이 사용하던 방식이었습니다. 이 공간배치를 그동안 많이 사용하지 않았던 가장 큰 이유는 면적 때문입니다. 보통 주택 화장실은 작게 구성해서 공간을 줄이는 방식을 많이 적용하는데 이렇게 공간을 나누게 되면 면적이 많이 필요하거든요. 하지만 면적이 늘어나는 만큼 장점도 존재하겠지요. 가장 큰 장점은 각 공간을 따로 관리할 수 있다는 것이며, 공간별로 여러 명이 동시에 사용할 수 있다는 장점이 있습니다.

■ 정다운 건축가

1층에 방을 두 개 배치한 주택을 오랜만에 보셨을 거예요. 대지의 건폐율 때문에 대부분 주방과 거실 등의 공용공간을 1층에 배치하고 방을 2층으로 올리는 것이 일반적인데, 이번 주택은 거의 30평 정도의 공간을 1층에 배치할 수 있어 방을 두 개 넣을 수 있는 공간이 나왔습니다. 이 집은 드레스룸 등의 서브 공간을 모두 없애고 방과 공용공간에 집중한 집입니다. 맞다 틀렸다를 판단하기보다 이 집은 건축주님의 라이프스타일에 맞춘 집이라고 생각해주셨으면 좋겠습니다.

■ 임성재 건축가

주방이 압도적으로 넓습니다. 아마 이 평수의 집 중에 가장 큰 주방 면적을 가졌다고 해도 무방합니다. 주방과 아일랜드 식탁 그리고 다용도실까지. 일반적인 주방의 면적이 아니고 정말 건축주님의 라이프스타일에 맞춘 공간 구성이라고 할 수 있습니다. 몇 개의 냉장고가 들어갈지, 식탁은 몇 인용이 들어갈지, 세탁기는 어떠한 제품을 쓸지 등을 설계 미팅 때 협의하여 그에 맞는 평면을 구성했다고 보시면 될 것 같습니다.

0502 _ 40평 경량목구조

건강함이 꽃피는 집

HOUSE **PLAN**

공법 : 경량목구조
건축면적 : 132.76 m^2
1층 면적 : 100.69 m^2
2층 면적 : 32.07 m^2

지붕마감재 : 아스팔트쉬글
외벽마감재 : 스타코플렉스
포인트자재 : 파벽돌
벽체마감재 : 실크벽지
바닥마감재 : 강마루
창호재 : 이건 알루미늄 3중 시스템창호

예상 총 건축비 _
245,100,000 원

· 부가세 포함, 산재보험료 포함
· 설계비, 인허가비, 구조계산 설계비 별도

설계비 _
6,000,000 원 (부가세 포함)

인허가비 _
4,000,000 원 (부가세 포함)

구조계산 설계비 _
4,000,000 원 (부가세 포함)

인테리어 설계비 _
4,000,000 원 (부가세 포함)

건축비 외 부대비용 _
대지구입비, 가구 (싱크대, 신발장, 붙박이장)
기반시설 인입 (수도, 전기, 가스 등)
토목공사, 조경비 등

건강함이 꽃피는 집

클래식한 멋이 살아있는 주택. 화려하기보다는 수수한 멋을 자랑하고, 보고만 있어도 마음을 차분하게 가라앉혀주는 집. 오늘 이야기할 집은 그런 매력을 가진 집으로 설계했습니다.

40평의 넉넉한 면적으로 설계한 이번 주택은 안정감 있는 박공지붕에 하얀색 스타코플렉스 마감으로 디자인을 완성했습니다.

아마 이 집을 처음 보신 분의 생각은 '친숙하다'일 것입니다. 그동안 홈트리오 사례들을 쭉 검토하셨던 분이라면 저희가 가장 좋아하는 스타일이라는 것을 알고 계실 것입니다.

특별하지 않은 무덤덤한 느낌의 디자인 그리고 가성비 높은 집. 쉽게 말해 단열과 방수는 챙기면서 외장재 및 디자인 비용을 최소화해 정말 필요한 것만 넣어서 지은 집입니다.

실용주의를 기반으로 설계하는 저희로서는 저희에게 맞는 취향 저격 주택이라고 할 수 있습니다.

화려하게 설계할 수도 있고, 정말 건축상을 받을 수 있는 집으로 설계하고 디자인할 수도 있습니다. 오히려 화려하게 만드는 것이 더 쉽다고 할 수 있습니다.

"왜냐고요?"

"돈 생각하지 않아도 되니까요!"

말 그대로 작품을 만들어 내는 것은 비용의 제약이 없기 때문에 하고 싶은 것, 좋다고 하는 것을 다 넣을 수가 있거든요. 오히려 한정된 예산 안에서 원하는 요소들을 모두 넣어 짜임새 있게 짓는 것이 더 어렵습니다.

"여러분은 어떻게 집을 지어야 할까요?"
답은 이미 정해져 있습니다.
"가진 예산 안에서 지으세요!"

집을 지을 때 금액이 올라가는 부위는 정해져 있습니다. 인테리어는 생각보다 크게 올라가지 않습니다. 올려봐야 감당할 수 있는 범위에서만 올라갑니다. 세면대나 욕조 등을 좋은 것으로 한다고 해도 100만 원 안쪽이거든요.

문제는 창과 외장재입니다. 창도 기성 제품의 크기로 설계하면 그나마 괜찮습니다. 하지만 디자인을 한다고 기성 제품의 크기를 벗어나 주문 제작으로 들어가면, 장담하는데 무조건 2배 이상 비쌉니다. 그리고 외장재인데요. 외장재는 물론 외장재별로 느낌과 장점이 다릅니다. 확실한 건 붙이면 붙일수록 돈이 든다는 것입니다.
정해진 예산 안에서 평면은 바꾸기 싫고, 무언가 빼야 하는 상황이 되면 전 이렇게 이야기합니다.
"외장재 다 날리시죠"
어쩔 수 없어요. 답은 나와 있는데 고민만 할 뿐입니다. 그렇다고 실내면적을 줄인다?
아니죠. 이미 공간별로 내가 필요한 면적을 넣어놨는데 면적을 줄이는 것은 제일 최악의 상황에 놓였다는 것이죠.

항상 말하지만 정갈하고 깨끗하게 지으세요.
충분합니다. 단열과 창문만 잘 신경 쓰세요. 그러면 생각보다 만족스러운 집에서 생활할 수 있을 것입니다.

#담양전원주택 #40평전원주택 #클래식함 #서재가있어요 #노후를위한집

■ 1F - 100.69 m²

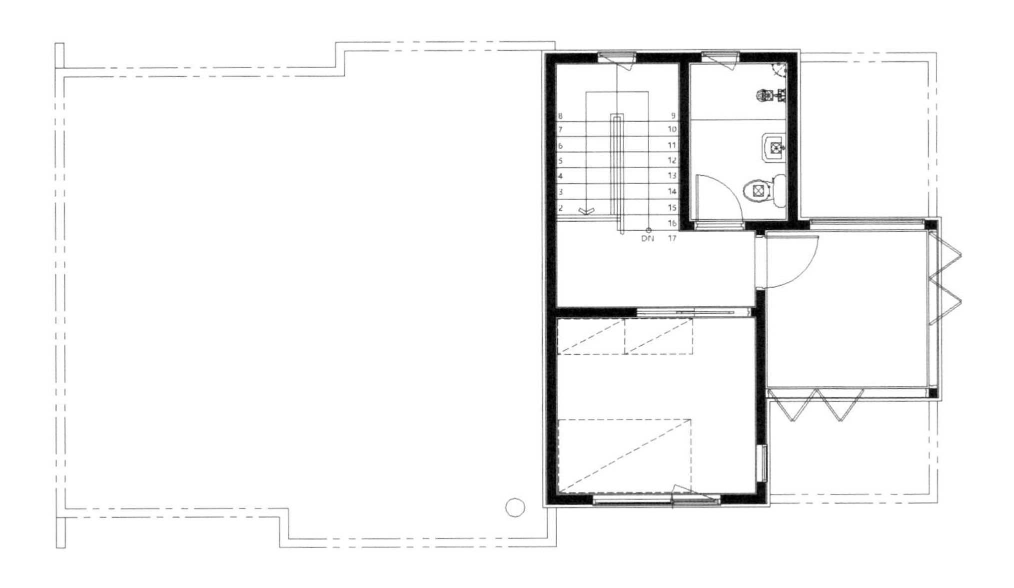

■ 2F - 32.07 m²

■ 이동혁 건축가

은퇴 후 건축주님 내외분이 지내실 주택을 설계했습니다. 방은 2개만 만들되, 대신 서재 공간을 별도로 마련하여 책이 많은 건축주님께 맞춘 1층 공간을 만들었습니다. 대부분의 생활은 1층에서 이루어지도록 계획했으며, 2층은 자녀들이 놀러 왔을 때 편히 쉬다 갈 수 있는 최소한의 면적으로 구성했습니다.

■ 정다운 건축가

2층의 발코니는 생각보다 관리가 잘 안 되는 부분 중 하나입니다. 지붕이 덮여있으니 괜찮으리라 생각하지만, 낙엽부터 시작해 먼지가 정말 많이 쌓이는 곳이거든요. 또한, 생각보다 활용하는 시간이 그렇게 길지 않습니다. 그래서 봄, 여름, 가을, 겨울 4계절 모두 활용하실 분이라면 발코니에 폴딩도어를 설치해 비나 눈이 올 때는 완전히 차단해 실내 공간처럼 만드는 방법을 고민해 두시는 것이 좋습니다.

■ 임성재 건축가

1층 거실과 주방 사이에 기둥이 하나 있습니다. 많은 분이 저 기둥은 없어도 되지 않느냐라고 물어보시는데 없으면 기둥과 기둥 사이의 보가 쳐질 수밖에 없습니다. 철근콘크리트의 경우에는 기둥 없이 10m 이상 뻗어 나갈 수 있지만, 목조는 아무리 길게 뻗어 나가도 5m 안쪽입니다. 다시 말해 마감 선을 제외하고 4.8m가 최장 길이라고 보시면 됩니다. 그 안쪽으로 무조건 기둥이 있어야 하며, 없으면 처지기 때문에 이번 주택처럼 거실과 주방의 긴 폭 길이가 5m를 넘을 경우는 중간에 필수로 기둥을 설치해야 함을 알려드립니다.

바닷바람길 숲길 따라

HOUSE **PLAN**

공법　　　: 철근콘크리트
건축면적 : 154.53 m²
1층 면적 : 154.53 m²

지붕마감재 : 평지붕마감, 리얼징크
외벽마감재 : 고벽돌(치장쌓기)
포인트자재 : 리얼징크(0.7T)
벽체마감재 : 미포함
바닥마감재 : 미포함
창호재　　: 이건 알루미늄 3중 시스템창호

예상 총 건축비 _

266,000,000 원

- 부가세 포함, 산재보험료 포함
- 설계비, 인허가비, 구조계산 설계비 별도

설계비 _

9,400,000 원 (부가세 포함)

인허가비 _

4,700,000 원 (부가세 포함)

구조계산 설계비 _

4,700,000 원 (부가세 포함)

인테리어 설계비 _

0,000,000 원 (부가세 포함)

건축비 외 부대비용 _

대지구입비, 가구 (싱크대, 신발장, 붙박이장)
기반시설 인입 (수도, 전기, 가스 등)
토목공사, 조경비 등

바닷바람길 숲길 따라

최근 소형 카페 설계 문의가 많이 들어옵니다. 주택이나 상가는 인터넷에 정보가 그나마 많은데, 카페 건축은 정보가 거의 없죠. 어떻게 시작을 해야 하는지, 어떤 식으로 지어야 하는지, 마지막으로 어떤 식의 느낌으로 만들지 등 하나부터 열까지 모두 궁금한것 투성입니다.

저희는 주로 주택만 설계했는데요. 이번 강화도 카페 설계를 의뢰받으면서 정말 많은 공부를 새롭게 한 것 같습니다.
대형 카페 설계는 큰 매스를 나누며 공간을 만들어나가면 되는데, 소형 카페는 오히려 좁은 공간에서 원하는 느낌을 최대한 담아내야 하다 보니 했다가 지우고, 그렸다 버리고... 정말 몇 번을 수정했는지 모르겠습니다.

월간 홈트리오에서 카페 설계를 제안받는 것이 아마 처음이실 거예요. 상가주택 같은 근린생활시설은 몇 번 제안했었지만, 오롯이 카페 설계라니. 어쩌면 좀 더 새롭고 재미있는 제안이지 않을까 싶습니다.

저희에게 문의하시는 카페 설계는 대형 평수보다 소형평수인 40~60평 사이가 많습니다. 이정도 크기가 대부분이라고 할 수 있습니다.
문득 소형 카페 건축 및 설계는 인터넷으로 검토가 가능할까(?) 하는 물음이 생겨 검색해 봤는데요. 생각보다 자료가 없더라고요. 전원주택도 건축비를 오픈한 회사가 거의 저희가 유일한데 카페는 전원주택보다 더 자료가 없는 상황이었습니다.
이번 카페 설계 사례를 시작으로 카페 건축도 더 투명하게 오픈되는 시장이 형성되길 바라봅니다.

이번 카페 설계는 강화도에 실제로 지을 예정입니다. 강화도의 탁 트인 바다 풍경과 시원하게 불어오는 상쾌한 바람을 맞을 수 있는 곳. 그곳에서 향긋한 커피 한

잔과 함께하는 힐링 라이프. 생각만으로도 기분이 좋아지네요.

단층 카페로 설계했으며, 1층 47평의 면적으로 계획했습니다. 소형 카페 면적에 속하며, 부족한 면적을 채우기 위해 옥상 루프탑을 이용할 수 있도록 동선을 계획했습니다.

고벽돌을 치장 쌓기로 마감해서 전체적인 느낌을 잡아주었고 징크를 포인트로 적용해 클래식함과 젊은 느낌의 트렌디함이 공존할 수 있도록 하였습니다.

공간 구성은 단순합니다. 많은 벽을 세우기보다 주방과 카운터를 제외하고는 모두 오픈된 공간으로 만들었으며, 추후 인테리어에서 원하는 대로 꾸밀 수 있도록 그 자리를 비워두었습니다.

실내는 배관과 배선 라인까지만 시공에 포함되어 있으며, 바닥, 천장, 조명 등의 내부 마감은 모두 제외되어있음을 알려드립니다.

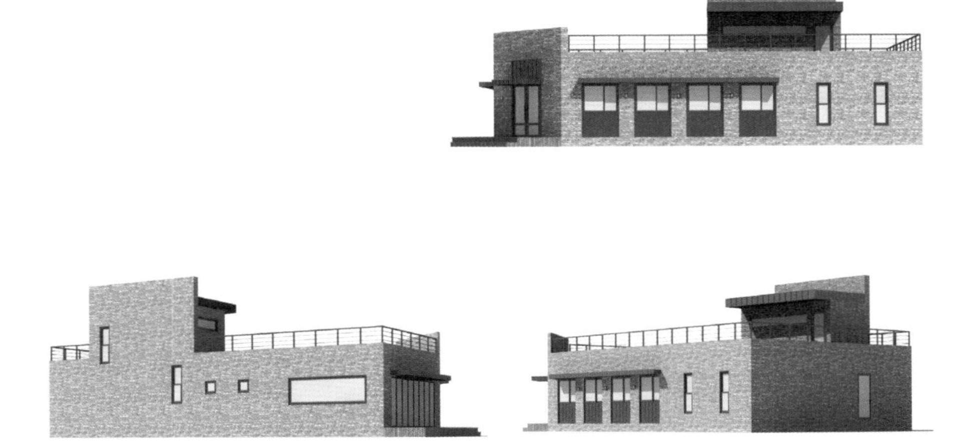

#강화도카페 #바닷가풍경 #아름다운카페 #카페건축 #카페는이렇게지으세요

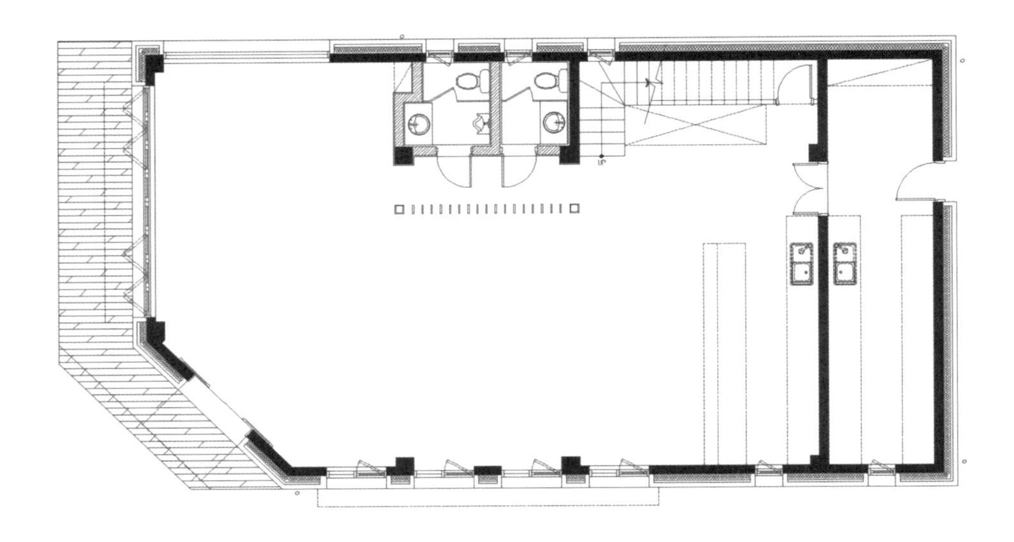

1F - 154.53 m²

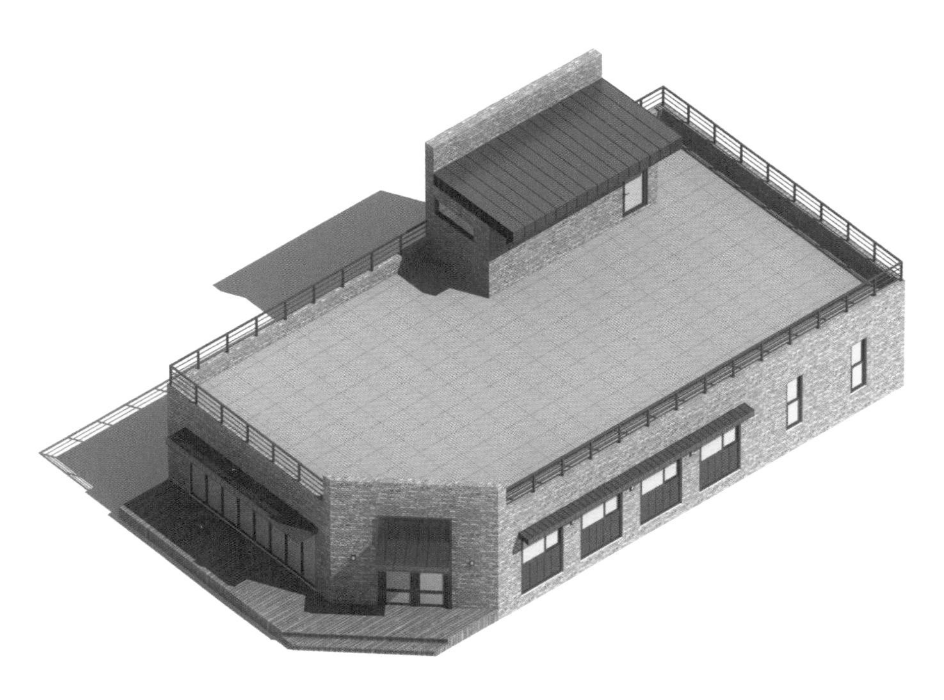

Attic

■ 이동혁 건축가

대형 카페 설계는 많이 보셨을 거예요. 하지만 이번 사례처럼 40평형대의 소형 카페는 인터넷 사례로 보기 힘드셨을 거예요. 집도 소형화되고 있는 만큼 카페 건축도 소형화가 트렌드로 자리 잡고 있는데요. 그 트렌드에 맞게 카페 설계를 제안했다고 생각해주셨으면 좋겠습니다. 카페 설계는 주방을 제외하고는 최대한 오픈된 공간으로 만들어 복잡하지 않게 구성하는 것이 중요합니다. 수익형 건물인 만큼 낭비되는 데드 스페이스를 만들지 않고 오롯이 모든 공간을 활용할 수 있게 설계하는 것이 핵심입니다.

■ 정다운 건축가

단층 카페를 설계하면서 옥상 활용을 처음부터 고려했습니다. 주택은 유지관리와 누수 때문에 무조건 지붕을 덮으라고 하는데요. 카페는 더 많은 손님을 받아야 하는 건축물이고 수익형 건물이기 때문에 공법을 철근콘크리트조로 한 후 옥상 방수를 해서 최대한 옥상의 모든 공간을 사용할 수 있도록 설계합니다. 옥상은 사람이 밟고 다니는 부위인 만큼 단순히 방수만 하고 끝나지 않고 방수 위에 타일 등의 별도 추가 마감을 진행하시는 것이 좋습니다. 그래야 오랫동안 유지관리가 되니까요.

■ 임성재 건축가

카페 설계는 평면, 골조, 창문, 외장재까지 선 진행하며, 인테리어는 별도의 인테리어 미팅을 통해 진행합니다. 그 이유는 간단합니다. 카페는 인테리어가 주는 느낌과 그 콘셉트에 따라 마케팅 방향이 정해지는 만큼 굉장히 디테일하게 인테리어를 진행해야 하기 때문입니다. 지금 제시하는 설계안도 건축 부분까지만 제안하는 것이며, 인테리어 부분은 제외되어 있습니다.

PART 06

6월, 하지(夏至)

해가 길어진 날

푸르름이 절정을 이룬 날.

구름 한 점 없는 하늘은 내 마음을 깨끗한 상태로 만들고,
잘 정돈된 마당의 잔디는 보고만 있어도
상쾌한 기분이 들게 합니다.

해가 길어져서 하루를 더 알차게 보낼 수 있을 것 같아요.

생각난 김에 오늘 저녁에는 마당 텃밭에서 키우는
채소를 좀 뜯어서 쌈 싸 먹어야겠어요.

이것이 진정한 웰빙라이프~

모던 카페를 지었습니다 II

HOUSE **PLAN**

공법 : 철근콘크리트
건축면적 : 154.53 m^2
1층 면적 : 154.53 m^2

지붕마감재 : 평지붕마감, 리얼징크
외벽마감재 : 노출콘크리트
포인트자재 : 리얼징크 (0.7T)
벽체마감재 : 미포함
바닥마감재 : 미포함
창호재 : 이건 알루미늄 3중 시스템창호

예상 총 건축비 _
266,000,000 원

· 부가세 포함, 산재보험료 포함
· 설계비, 인허가비, 구조계산 설계비 별도

설계비 _
9,400,000 원 (부가세 포함)

인허가비 _
4,700,000 원 (부가세 포함)

구조계산 설계비 _
4,700,000 원 (부가세 포함)

인테리어 설계비 _
4,700,000 원 (부가세 포함)

건축비 외 부대비용 _
대지구입비, 가구 (싱크대, 신발장, 붙박이장)
기반시설 인입 (수도, 전기, 가스 등)
토목공사, 조경비 등

모던 카페를 지었습니다 II

월간홈트리오 5월호 세 번째 모델과 같은 평면과 매스 디자인으로, 최종 노출 콘크리트 마감만 달리하여 제안한 카페 설계안입니다.

월간 홈트리오 6월호 첫 번째 모델을 외장재만 바꾸어 선보이는 이유는 최종 마감자재에 따라서 건물의 분위기가 완전히 다를 수 있다는 것을 보여드리기 위함입니다.

고벽돌에서 오래된 느낌의 감성을 느낄 수 있었다면 이번에 제안한 노출 콘크리트는 콘크리트라는 자재가 가진 본연의 물성을 느낄 수 있는 마감입니다.
주택 위주의 설계만 하다가 좀 더 색다른 분야의 설계를 하니 초심으로 돌아간 느낌이 드네요.
주택에서 중요했던 부분들이 카페로 넘어오니 반대로 중요하지 않게 되기도 하고 반대로 새롭게 중요해진 부분들도 생겨납니다.

소형 카페에 대한 문의가 갈수록 늘어나고 있습니다. 특히 '임대'를 주기 위해 짓는 분이 아닌 직접 카페를 운영하시려는 분의 문의가 많은 것 같아요. 그러다 보니 대형 카페보다 소형 카페 위주의 문의가 많고, 인테리어까지 모두 맡기는 것이 아닌 외장재와 골조 마감까지만 진행하고 직접 인테리어를 꾸미고자 하시는 분이 많은 것 같습니다.

원래 저희는 설계와 시공, 그리고 인테리어까지 통합으로만 계약을 의뢰받았었어요. 주택은 당연히 그렇게 진행해야 준공이 날 수 있고 AS를 책임질 수 있었는데 카페는 조금 다른 시스템을 적용하기로 했습니다.

카페는 설계와 시공, 인테리어까지 모두 맡길 수도 있지만 원하실 경우 인테리어 전 단계까지만도 진행할 수 있도록 별도의 시스템을 구성했습니다. 직접 꾸미면서 하나하나 만들어가는 재미도 있는 만큼 주택의 현 시스템을 고수하지 않기로 했습니다. 그래서 이번 사례 개요를 보시면 인테리어가 빠져 있어요.

카페 건축이라는 특수성에 맞게 저희 홈트리오 시스템도 변화했다고 봐주셨으면 좋겠습니다.

이번 사례에서는 평면과 디자인에 대한 언급을 크게 하지 않겠습니다. 이미 전 월간홈트리오에서 이야기 드려서 겹칠 것 같거든요.

마지막으로 공사 기간에 관해서 이야기 드릴게요. 보통 골조 공사는 1개 층마다 2주일 정도 시간이 걸립니다. 기초, 골조, 마감, 최종 양생까지 진행하면 인테리어가 들어가지 않은 현 경우에도 최소 3~4개월 정도의 공사 기간이 소요됩니다. 날씨의 영향까지 모두 고려한 시간이며, 비 내리는 날이 단 하루도 없다면 더 당겨질 수도 있습니다.

나만의 카페를 만든다는 것. 그리고 그 공간 안에서 향긋한 커피 향을 느낀다는 것. 생각만으로도 행복해지는 것 같습니다. 카페를 지으려는 분들 모두 파이팅이며, 정말 꼭 원하는 카페 건축하시기 바라겠습니다.

#노출콘크리트카페 #모던카페 #단층카페 #소형카페 #강화도카페

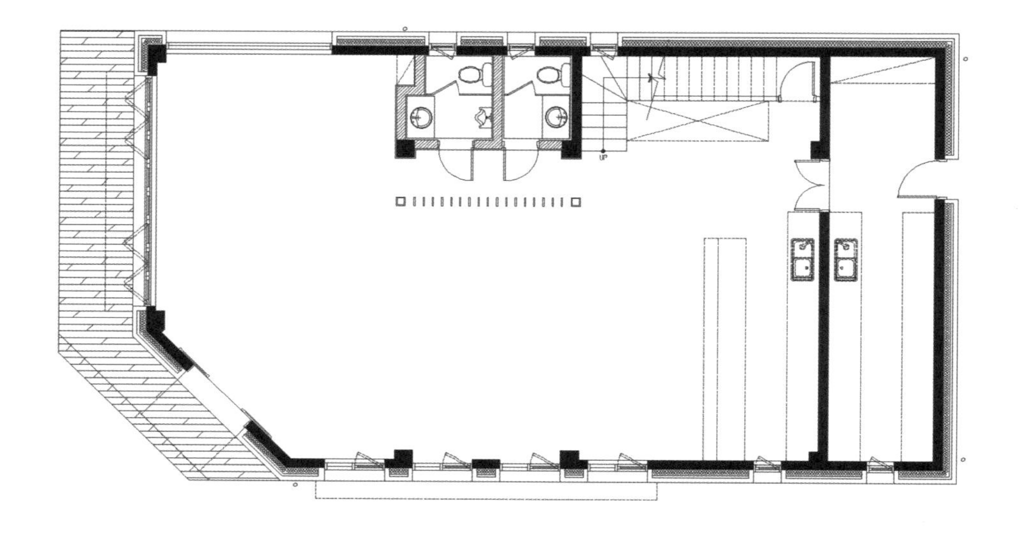

1F - 154.53 m²

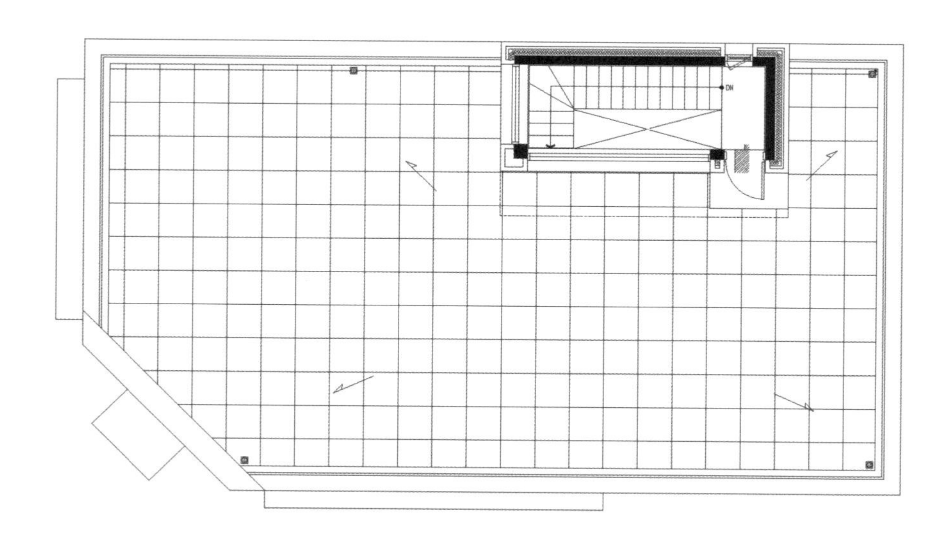

2F - 000.88 m²

■ 이동혁 건축가

노출 콘크리트에 대한 호불호는 여전히 존재하죠. 하지만 콘크리트가 가진 자재 자체의 느낌은 어떠한 외장재로도 표현할 수 없습니다. 차가우면서도 도시적인 느낌의 마감. 그런데 촌스럽지 않고 특별한 아이덴티티를 느낄 수 있는 그 무언가. 글로 표현하려니 어렵네요. 좀 더 색다른 느낌의 디자인을 원하시나요? 외장재를 바꿔보세요.

■ 정다운 건축가

창에 관한 이야기가 많아요. 카페라고 해서 창에 대한 시험성적서가 없어도 되는 것은 아닙니다. 건축법에서 명시한 단열 값을 맞춰야 합니다. 아무거나 껴도 된다고 생각하시는데 그러면 인허가는 날 수 있어도 준공이 안 난답니다. 꼭 명심하세요. 정확한 창을 사용하셔야 합니다.

■ 임성재 건축가

주택설계를 할 때 옥상 사용을 끔찍하게 싫어하는 저인데 카페에서만큼은 이상하리만치 오픈마인드죠. 이는 카페 건축이 수익형 사업이기 때문입니다. 최대한 많은 사람을 받아야 하고, 실내뿐 아니라 외부에서 느껴지는 감성도 모두 담아내야 하기 때문입니다. 다만 콘크리트 공법이라고 해서 무조건 방수가 영구적인 것은 아닙니다. 꾸준한 유지관리 그리고 방수층 위에 별도의 마감. 그래야만 오랫동안 누수 없이 사용할 수 있으실 것입니다.

* 카페 건축의 경우 인테리어 부분이 차지하는 디자인적 영향이 크므로 설계 진행 시 순수 건축만 우선 진행하며, 인테리어는 별도의 미팅을 통해 디자인 설계를 진행하여 비용을 산정합니다.

힐링 라이프를 그리다

HOUSE **PLAN**

공법 : 경량목구조
건축면적 : 191.44 m²
1층 면적 : 118.62 m²
2층 면적 : 72.82 m²

지붕마감재 : 아스팔트슁글
외벽마감재 : 스타코플렉스
포인트자재 : 세라믹사이딩
벽체마감재 : 실크벽지
바닥마감재 : 강마루
창호재 : 이건 알루미늄 3중 시스템창호

예상 총 건축비 _

358,400,000 원

· 부가세 포함, 산재보험료 포함
· 설계비, 인허가비, 구조계산 설계비 별도

설계비 _

8,700,000 원 (부가세 포함)

인허가비 _

5,800,000 원 (부가세 포함)

구조계산 설계비 _

5,800,000 원 (부가세 포함)

인테리어 설계비 _

5,800,000 원 (부가세 포함)

건축비 외 부대비용 _

대지구입비, 가구 (싱크대, 신발장, 붙박이장)
기반시설 인입 (수도, 전기, 가스 등)
토목공사, 조경비 등

힐링 라이프를 그리다

'쉬고 싶은 마음'

현대인이라면 정신없이 달려온 일상에서 벗어나 주말이라도 편히 쉬고 싶은 마음을 다들 가지고 계시죠.

'전원주택'이라는 매개체와 '힐링'이라는 단어가 만나 한적한 곳에 집을 지어 살고 싶다는 이야기가 더욱 많이 들리게 된 것 같습니다.

이번 월간홈트리오 6월호 두 번째 모델은 그런 힐링 라이프 열풍에 맞춰 넓고 쾌적한 집으로 설계해 봤습니다.

실제 충남 부여에 시공할 모델로 모던하면서 웅장한 매스 감을 뽐낼 수 있는 주택으로 디자인했습니다. 58평이라는 실내 면적만큼 전체적인 볼륨감이 30평형대보다 크게 구성되며, 정면의 포치와 2층 발코니 디자인으로 입체감뿐 아니라 규모감을 같이 느낄 수 있는 주택이라 평하고 싶습니다.

디자인을 먼저 살펴보면 항상 그렇듯 안정적인 모임지붕을 기반으로 모던한 느낌을 같이 느낄 수 있도록 했으며, 입면은 박스형으로 보이되 숨겨진 외쪽지붕의 기울기를 집의 후면으로 주어 전체적인 디자인 밸런스를 유지할 수 있게 했습니다. 너무 다양한 지붕 경사를 조합하다 보면 혼잡스러운 느낌이 들 수 있는데 메인 지붕을 제외하고는 숨겨진 지붕라인으로 구성해 안정감 있는 입면을 만들었다고 생각하시면 될 것 같습니다.

평면을 살펴보면 독특하게 1층에 방을 2개 구성한 것을 볼 수 있습니다. 일반적인 좁은 대지에서는 찾아보기 힘든 구성입니다. 그 이유는 1층에 이 정도의 면적을 앉힐 수가 없거든요.

일반적으로 거실과 주방을 넓게 구성하고 그 나머지 공간에 화장실 및 방을 구성하는 형식이라 건폐율이 받쳐주지 않는다면 1층에 방 2개는 구성이 어렵습니다.

땅이 크든 건폐율이 크든 둘 중 하나는 만족해야 이번 주택 설계도처럼 배치 할 수 있습니다.

창호에 관한 이야기를 안 할 수 없어요. 미국식이냐 독일식이냐는 최근에 논란이 거의 없다고 볼 수 있습니다. 이미 다들 알고 계시기 때문이겠죠. 다만 PVC냐 알루미늄이냐로 이야기가 많은 것으로 알고 있습니다. 간단히 설명해 드리면 저희 홈트리오는 2020년 현재 이건 브랜드의 알루미늄 창호를 추천해 드리고 있습니다. 다른 이유는 없습니다. 그동안 높은 금액 때문에 사용하지 못한 것일 뿐, 내구성이 좋은 것은 다들 알고 계셨던 부분이니까요.

저희가 이건 대리점을 직접 운영하면서 중간 마진을 없앴기 때문에 PVC 대비 크게 오르지 않은 가격으로 알루미늄 창호를 적용할 수 있습니다. 이번 모델도 당연히 이건 알루미늄 3중 시스템 창호를 적용했습니다. 모든 창호가 동일한 스펙으로 진행되었습니다. 단열에서는 더 보강이 어려운 한계치까지 끌어올렸다고 생각해주셔도 좋을 것 같습니다.

마지막으로 전원주택을 시골에 짓는 집이라고 촌스럽게 짓는 시대는 이제 끝났다고 생각합니다. 저희뿐만 아니라 타 업체도 주택 디자인에 많이 신경 쓰고 있으며, 노후한 이미지는 거의 없어졌다고 해도 무방합니다.

"일생에 단 한 번 짓는 나만의 집 그리고 우리 가족만을 위한 집. 이제는 젊고 트렌디한 디자인으로 지어보는 건 어떠신지요?"

#부여전원주택 #모던스타일 #힐링라이프 #전원주택트렌드 #젊은감각

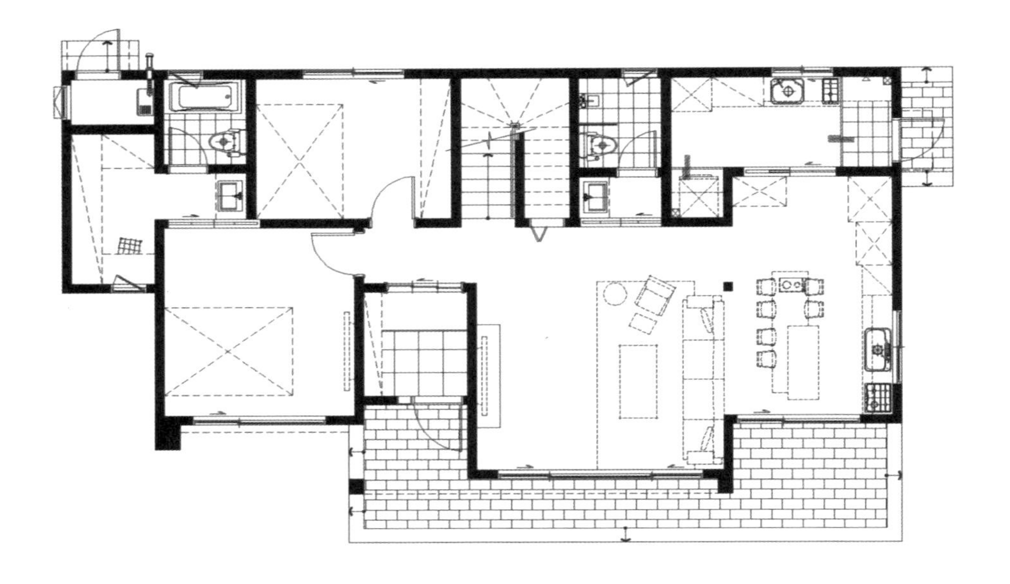

■ 1F - 118.62 m^2

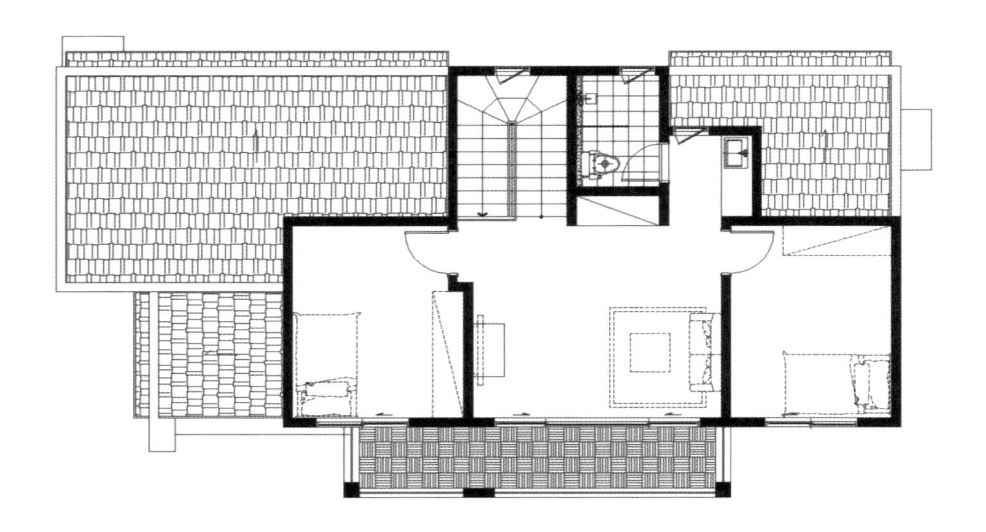

■ 2F - 72.82 m^2

이동혁 건축가

1층이 36평 정도로 매우 큰 면적입니다. 보통 100평 땅에 건폐율이 40% 정도는 나와야 이 정도 규모로 앉힐 수 있습니다. 넓은 거실과 주방이 있고 다용도실도 충분한 수납이 가능합니다. 방도 2개나 배치해서 1층만 봐도 한 가구가 충분히 살 수 있는 공간설계입니다. 이는 36평이라는 면적이 받쳐주었기 때문에 이런 구성이 나온 것이고, 30평 정도의 면적을 1층에 배치한다면 방은 1개 정도가 적당하다는 것을 인지할 수 있으실 것입니다. 안방은 보통 4~4.5평 정도로 구성하면 적당합니다.

정다운 건축가

30평형대와 40평형대의 평면을 비교해보면 가장 큰 특징은 주방에서 나타납니다. 식당과 다용도실 공간을 넓게 구성하면 평면에서 답답함이 사라지게 됩니다. 30평형대에서는 시원한 느낌의 공간배치가 어렵습니다. 차라리 단층이라면 모를까 2층으로 30평형을 구성한다면 식당과 다용도실은 거의 없다고 봐도 무방합니다. 꼭 주방을 넓게 만들어야 한다면 방법이 있긴 합니다. 방의 개수를 줄이면 됩니다.

임성재 건축가

포치와 발코니는 입면을 디자인할 때 굉장히 중요합니다. 이번 주택처럼 포치와 발코니의 볼륨감만으로도 집이 더 커 보일 수 있고 이 공간을 어떻게 활용하느냐에 따라 아파트에서 느껴보지 못한 전원주택만의 장점을 가져갈 수 있을 것입니다. 다만 2층 발코니는 누수에 관한 위험이 있기 때문에 꼭 지붕을 덮어주어야 하며, 예산이 된다면 창을 달아주는 것이 좋습니다.

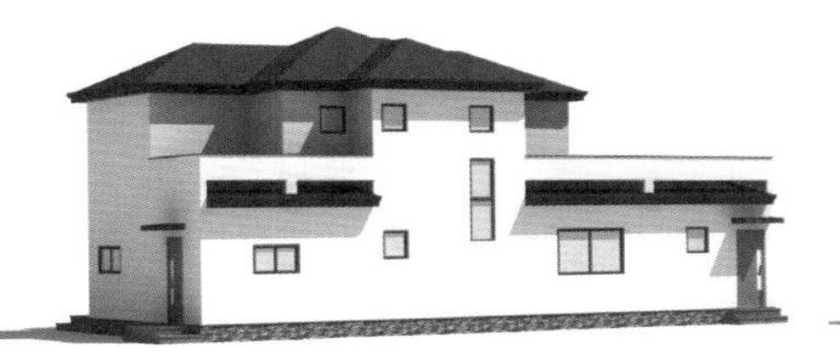

0603 _ 125평 철근콘크리트

젊은 감성 다가구주택

HOUSE **PLAN**

공법 : 철근콘크리트
1호집면적: 255.78 m^2
1층 면적 : 132.60 m^2
2층 면적 : 77.97 m^2
다락 면적 : 43.89 m^2
2호집면적: 157.68 m^2
1층 면적 : 83.00 m^2
2층 면적 : 44.08 m^2
다락 면적 : 27.60 m^2

지붕마감재 : 리얼징크, 평지붕마감
외벽마감재 : 고벽돌 (치장쌓기)
포인트자재 : 리얼징크
벽체마감재 : 도장, 타일, 실크벽지
바닥마감재 : 이건 강마루, 포세린 타일
창호재 : 이건 알루미늄 3중 시스템창호

예상 총 건축비 _

959,800,000 원

· 부가세 포함, 산재보험료 포함
· 설계비, 인허가비, 구조계산 설계비 별도

설계비 _
25,000,000 원 (부가세 포함)

인허가비 _
12,500,000 원 (부가세 포함)

구조계산 설계비 _
12,500,000 원 (부가세 포함)

인테리어 설계비 _
12,500,000 원 (부가세 포함)

건축비 외 부대비용 _
대지구입비, 가구 (싱크대, 신발장, 붙박이장)
기반시설 인입 (수도, 전기, 가스 등)
토목공사, 조경비 등

젊은 감성 다가구주택

다가구주택의 상징 '빌라'. 솔직히 빌라가 나쁘다고 이야기할 수는 없지만, 마음 한구석에서 아쉬움이 남는 느낌은 지울 수 없습니다.

'다가구 주택도 멋지게 지을 수 있을 텐데...'
'좀 더 감성적인 부족함을 채울 수 없을까?'
그런 고민에서 시작한 설계 프로젝트. 그 프로젝트를 이번 월간 홈트리오 6월호 세 번째 모델로 발표합니다.

2020년으로 넘어오면서 월간홈트리오도 다양한 시도를 하고 있습니다. 2018, 2019년도에는 '작은 집'이라는 콘셉트와 '가성비'라는 테마를 위주로 발표했었는데요. 2020년도로 넘어오면서는 보다 다양한 외장재와 규모가 있는 매스 그리고 새로운 느낌의 디자인을 시도하고 있습니다.

오늘 발표할 주택을 외관에서 보았을 때는 단독주택처럼 보이지만 실제로는 다가구주택입니다. 다가구주택도 이렇게 지을 수 있구나라는 것을 보여드리는 주택 사례라 평하고 싶습니다.

'ㄷ'자형 배치를 통해 자연스러운 볼륨감을 살렸으며, 박공지붕과 외쪽 경사지붕을 적용해서 일관되어 보이지 않고 유니크한 느낌을 받도록 했습니다. 전원주택인 만큼 다양한 크기의 창호를 적용하여 어느 공간이든 균일한 조도를 받을 수 있게 설계했습니다.

일반적인 다가구주택의 현관을 보면 계단실이 있고 복도를 통해 각각의 집으로 들어가게 되는데요. 이번 주택은 그런 일반적인 동선에서 벗어나 현관 진입 자체를 각각 별도로 할 수 있게 했습니다. 이렇게 현관 동선을 구성하면 프라이버시도 더 강화된 느낌을 받을 수 있습니다.

평면을 살펴보면 각 주택의 공간 구성이 완전히 다릅니다. 그 이유는 팔기 위해 지은 집이 아닌 의뢰자의 라이프스타일을 100% 반영하여 설계한 주택이기 때문입니다. 1층에 방이 필요 없는 경우 과감히 1층 전체를 공용공간으로 구성하기도 하며, 부모님이 거주할 주택의 경우 1층에 방을 배치하되 공용공간을 상대적으로 줄여 꼭 필요한 공간만 만들었다고 생각하시면 될 것 같습니다.

두 집 모두 오픈 천장 옵션을 적용했습니다. 오픈 천장은 거실 부분의 천장 고를 높이는 것을 뜻합니다. 큰 비용을 들이지 않고 아파트와는 다른 탁 트인 개방감을 느낄 수 있는 옵션이며, 펜트하우스 아파트의 느낌을 받을 수 있습니다.

1층 오픈 천장을 적용하면서 2층 부분에 반 층 올라간 다락 공간을 만들어 주었습니다. 스킵플로어 기법을 적용한 공간이며, 1개 층이 완전히 올라가는 것이 아닌 2층 공간에서 살짝 올라가는 독특한 공간입니다. 플랫한 공간 구성이 아닌 한 층에서 높이에 따라 공간이 구분되는 공간인 만큼 색다른 공간감을 느끼실 수 있을 것입니다.

전체를 디자인하면서 외장재로 고벽돌을 선택했는데요. 파벽돌이 아닌 두께감이 있는 조적 벽돌로 마감하여, 더욱 웅장하고 무게감 있는 집으로 완성했습니다. 창호는 블랙으로 도장한 프레임을 사용했으며, 리얼징크와 조합하여 시크하면서 젊은 느낌이 나도록 디자인했습니다.

다가구주택이지만 전원주택의 매력을 모두 품고 태어난 이번 월간홈트리오 주택. 다가구도 이렇게 멋지게 지어질 수 있다는 것을 보여주고 싶었고, 이 주택은 2020년 봄에 강화도에 시공할 예정이랍니다. 많은 관심과 기대 부탁드립니다.

#다가구주택 #고급주택 #프리미엄주택 #알루미늄창호 #모던의끝판왕

1F - 132.60 m²

2F - 77.97 m²

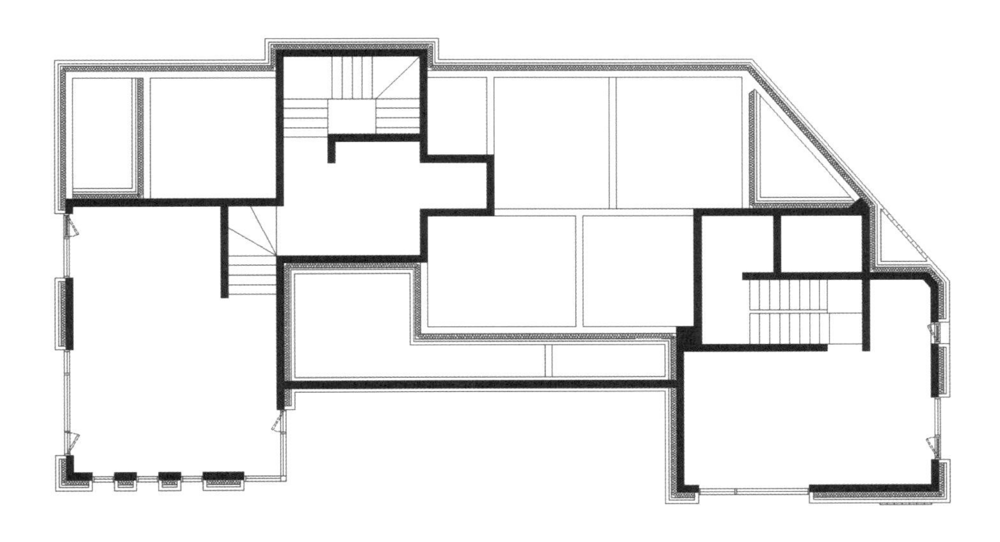

Attic - 43.89 m^2

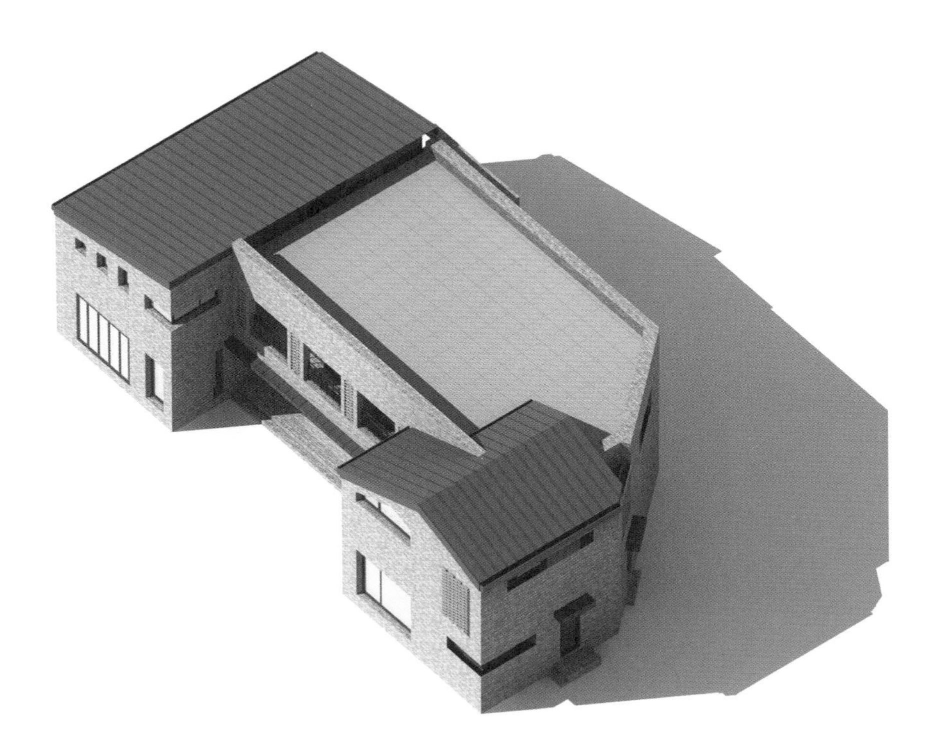

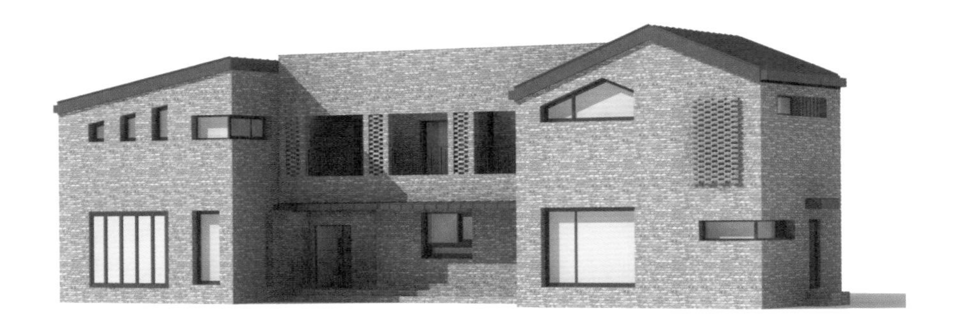

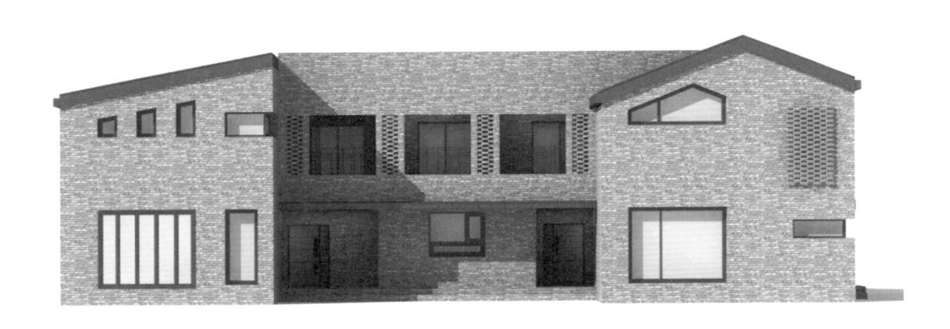

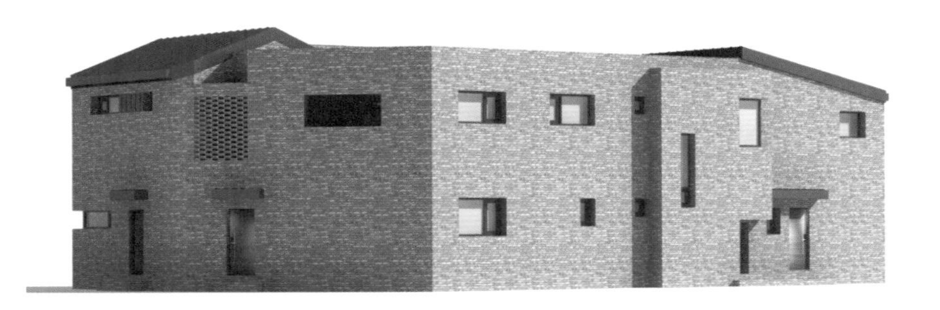

이동혁 건축가

고벽돌의 매력은 세월의 흔적을 집에 입혀 자재가 지닌 무게감과 타 자재에서는 느끼지 못한 감성을 느낄 수 있다는 것에 있습니다. 다만 디자인할 때 너무 모던함에 빠져 박스형에 고벽돌만 단순하게 입히면 창고처럼 보일 수 있다는 문제가 있기 때문에 징크 및 창호 디자인, 패턴 디자인 등을 통해 이런 단점을 해소해 줘야 합니다.

정다운 건축가

고벽돌로 외장을 마감할 때 창호 프레임은 될 수 있는 대로 블랙으로 하길 권해드립니다. 창호의 기본색은 화이트입니다. 뭐 나쁘지는 않지만, 개인적 의견은 블랙이 더 잘 어울린다고 생각합니다. PVC 창호로 할 경우 외부만 블랙 랩핑을 진행하면 되고, 알루미늄 창호의 경우 도장을 하는 것이니 꼭 블랙이 아니더라도 어두운 계열로 칠하시면 고벽돌과 잘 어울리는 창호로 만족스러운 결과물이 나올 것입니다.

임성재 건축가

전원주택 느낌의 다가구주택을 설계할 때 주의해야 할 점은 너무 아파트처럼 설계하지 않는 것입니다. 건축주님이 가장 많이 저지르는 실수는 설계 미팅을 진행하면 할수록 점점 본인이 살고 있는 아파트처럼 공간을 구성한다는 것입니다. 아무래도 가장 많은 시간을 보내온 공간인 만큼 익숙한 공간처럼 새집을 짓고자 하시는 것 같습니다. 하지만 알고 계시는 것처럼 아파트 평면이 절대 답은 아니죠. 넓은 내 땅에 내 마음대로 집을 지을 수 있는데 오밀조밀 모여있는 아파트 평면처럼 공간을 구성할 이유가 전혀 없습니다. 모든 공간에서 빛을 받을 수 있게, 환기가 잘되게, 그리고 멋진 조망을 가질 수 있게. 마지막으로 시원한 개방감을 가질 수 있는 공간으로 만드시길 바랍니다.

Hidden Page 03

겨울에 핀 꽃

67평 인테리어 제안

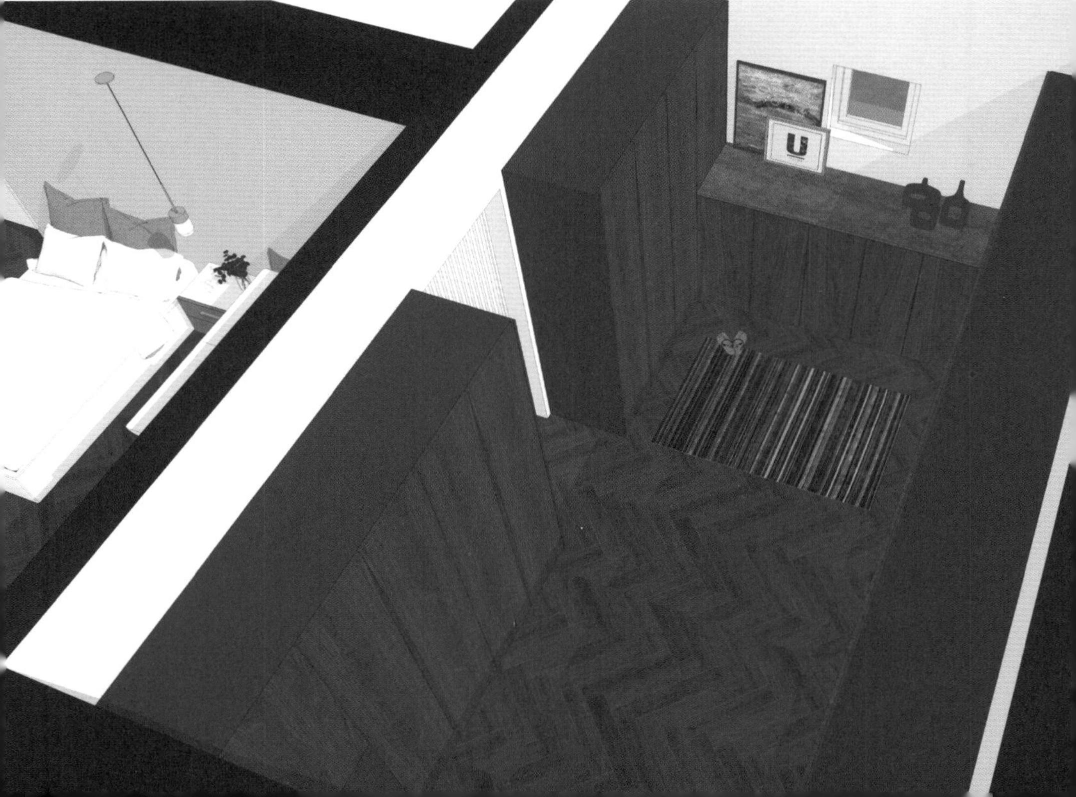

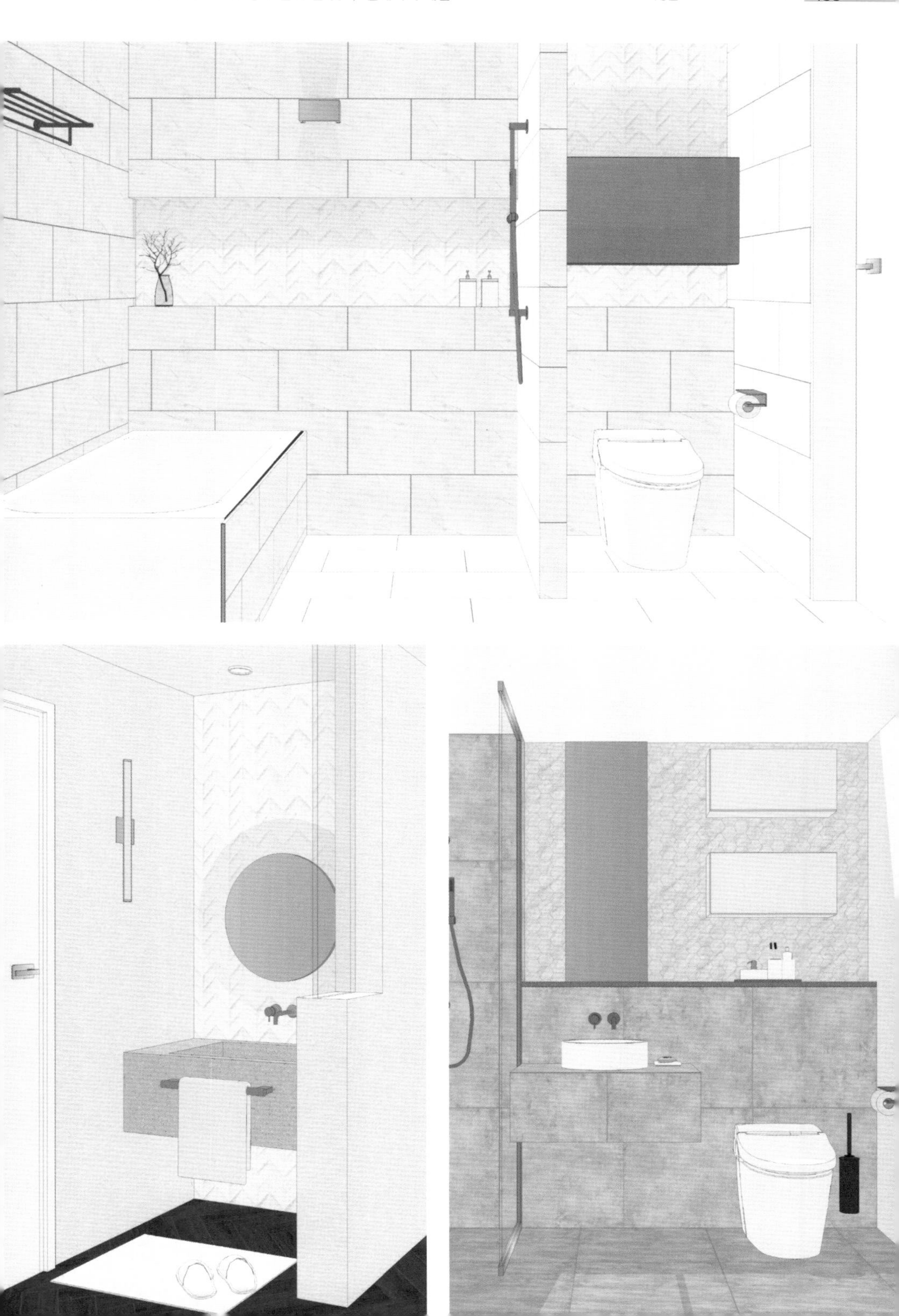

Hidden Page 04

햇살 품은 집

54평 인테리어 제안

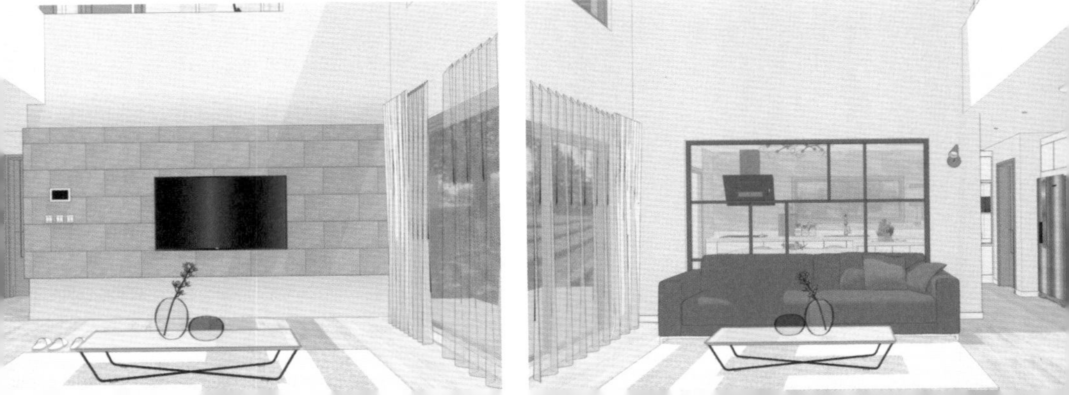

PART 07

7월, 대서(大暑)

시원한 에어컨 아래서 보내는 휴가

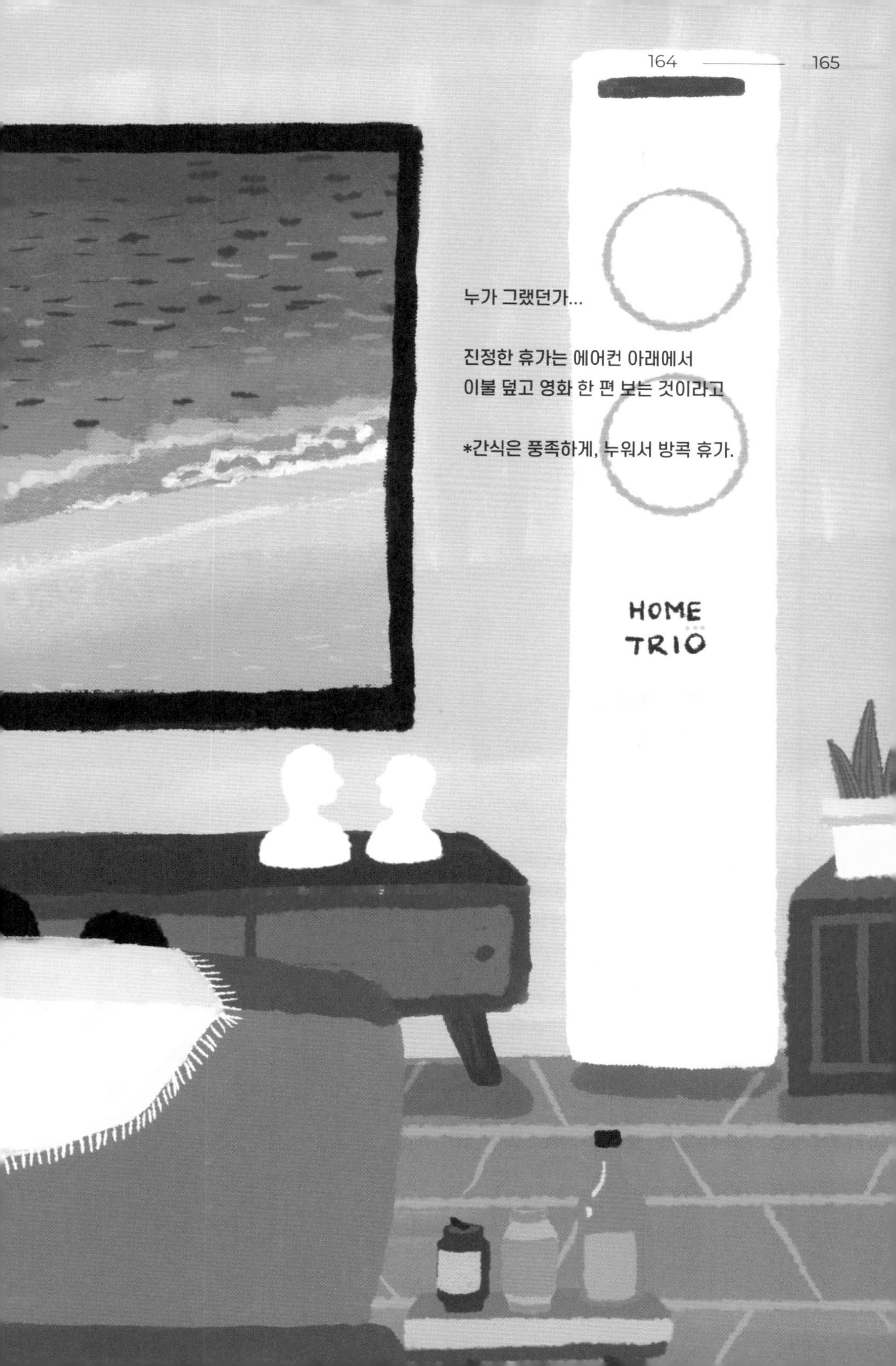

누가 그랬던가...

진정한 휴가는 에어컨 아래에서
이불 덮고 영화 한 편 보는 것이라고

*간식은 풍족하게, 누워서 방콕 휴가.

가을 빛을 품어내다

HOUSE **PLAN**

공법 : 경량목구조
건축면적 : 243.79 m²
1층 면적 : 181.49 m²
주차 면적 : 43.26 m²
다락 면적 : 14.00 m²

지붕마감재 : 아스팔트슁글
외벽마감재 : 스타코플렉스
포인트자재 : 파벽돌, 리얼징크
벽체마감재 : 도장, 타일, 실크벽지
바닥마감재 : 이건 강마루, 포세린 타일
창호재 : 이건 알루미늄 3중 시스템창호

예상 총 건축비 _
465,000,000 원

· 부가세 포함, 산재보험료 포함
· 설계비, 인허가비, 구조계산 설계비 별도

설계비 _
11,000,000 원 (부가세 포함)

인허가비 _
7,400,000 원 (부가세 포함)

구조계산 설계비 _
7,400,000 원 (부가세 포함)

인테리어 설계비 _
7,400,000 원 (부가세 포함)

건축비 외 부대비용 _
대지구입비, 가구 (싱크대, 신발장, 붙박이장)
기반시설 인입 (수도, 전기, 가스 등)
토목공사, 조경비 등

가을 빛을 품어내다

포근한 느낌의 계절, 그 계절의 매력.

가을빛 매력을 듬뿍 담은 주택의 탄생. 단층의 안정감 있는 디자인과 개성 있는 지붕 디자인을 조합하여 모던하면서 정갈한 느낌으로 주택을 완성했습니다.

욕심을 많이 내지 않고 포근하면서 우리 가족이 편안하게 지낼 보금자리로 설계했고 화이트톤 스타코플렉스에 주황빛 파벽돌로 포인트를 내어 젊은 느낌과 클래식한 느낌을 동시에 받을 수 있도록 디자인했습니다.

일반적이지 않은 공간을 설계한다는 것, 솔직히 그 길을 선택하는 것은 쉬운 결정이 아닙니다. 집에 대한 정확한 답은 없어도 어떻게 지어야 좋다는 가이드라인 정도는 정해져 있거든요. 특히 동선은 '데드 스페이스' 즉 활용이 불가능한 죽은 공간을 만들면 안 된다는 압박감에 사로잡혀 있다 보니 어느 순간 비슷한 공간 구성으로 설계했던 것 같습니다.

어떤 분이 그러더라고요.

"왜 한국의 전원주택은 해외의 멋진 집처럼 못 지어요?"

"이상하게 한국 집은 촌스러운 거 같아요."

"왜 이렇게 작게만 설계하시는 거예요?"

음... 어떠한 부분에서 이런 이야기를 하는지 충분히 알 것 같아요. 저도 이 일을 하기 전 학생 때 비슷한 의문을 가졌었거든요.

답은 생각보다 간단해요. 해외의 주택들이 멋있어 보이고 커 보이는 가장 큰 이유는 실제로 크기 때문이에요. 수영장이 있고 넓은 거실과 주방이 있고, 이런 집의 평수를 살펴보면 아무리 못해도 100평이 넘어가는 대 주택들이 대부분입니다. 미국과 한국의 스케일은 완전히 다릅니다. 한국의 국민 평수는 30평대라고 할 수 있는데 아파트에서 30평은 적당할지 몰라도 2층 전원주택에서 30평대는 소형주택입니다. 제일 작은 사이즈라고 이야기할 수 있습니다. 홈트리오의 가장 작은 2층 주택 기준도 35평이거든요. 애초에 비교 대상의 크기가 달랐던 것입니다.

또 하나는 '돈'이에요. 해외의 주택들은 조립식 주택들이 대부분이에요. 우리나라처럼 온돌을 설치하는 것도 아니고 벽에 단열재를 풍성하게 붙이는 것도 아닙니다. 창문은 말해 뭐해요. 단창 쓰는 지역이 더 많습니다. 하지만 한국은 그렇지 않죠.

제대로 된 집을 법규에 맞춰 지으려면 생각보다 큰 비용이 발생합니다. 내 머릿속에 멋진 집이 그려져 있어도 정작 본인한테 집을 지으라고 하면 모두 최소 최소만을 외치게 됩니다.

이번 주택이 탄생한 배경은 일반적인 위의 내용을 건축주님께서 벗어날 수 있게 해 주었기 때문에 가능한 설계였습니다. 고정관념에서 벗어나고, 데드 스페이스 조차도 활용할 수 있는 공간으로 인지하며, 획일적이지 않은 공간들을 제안해 주셨기 때문에 이국적인 느낌의 주택을 완성할 수 있었습니다.

이번 프로젝트를 실행하면서 건축가의 한 사람으로서 정말 뿌듯함을 많이 느끼는 시간의 연속이었습니다. 새로운 느낌의 집 그리고 건축가와 건축주가 100% 소통하고 이해하며 설계한 집. 감사하다는 말을 이번 월간 홈트리오를 통해 전합니다.

#가을정취 #고즈넉함 #감성뿜뿜 #독특한매스 #유니크함의끝판왕

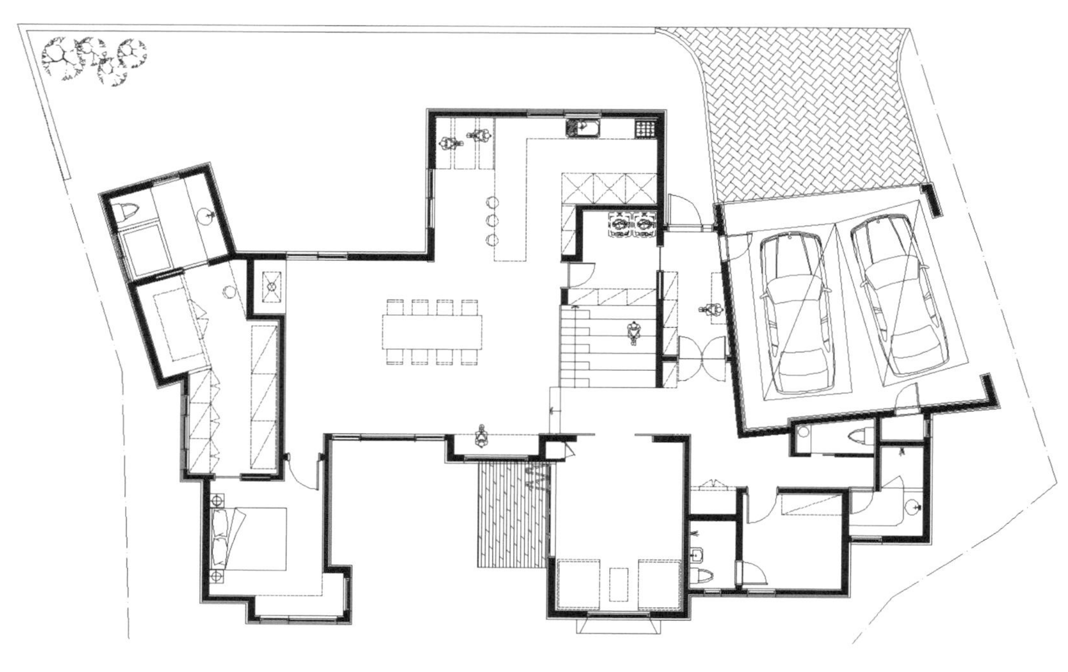

1F - 181.49 m²

이동혁 건축가

단층 전원주택 중 가장 큰 규모의 1층 공간을 가진 주택이 아닐까 합니다. 다양하게 꺾이는 매스 분절을 통해 공간을 나누는 등 숨겨진 공간을 찾는 재미를 설계적 기법으로 풀어낸 주택이라 평하고 싶습니다.

정다운 건축가

남자의 로망이라고 할까요(?). 실내 주차장 있는 집을 짓는다는 것. 아메리칸 스타일의 공간 구성과 입식 생활에 특화된 평면 설계로 그동안 일괄적인 주택 평면을 보시다가 이번 평면을 보시면 '집을 이렇게도 설계하고 지을 수 있구나!'라는 것을 깨닫게 될 것입니다.

임성재 건축가

집의 전체적인 콘셉트는 모던 주택입니다. 모던 스타일이라고 해서 꼭 박스형으로 짓는 것은 아닙니다. 군더더기 없는 선과 접합부를 정리하여 어디에서 보든 깨끗한 느낌을 받도록 했습니다. 집은 생활하는 사람에 따라 얼마든지 변화할 수 있다고 생각합니다.

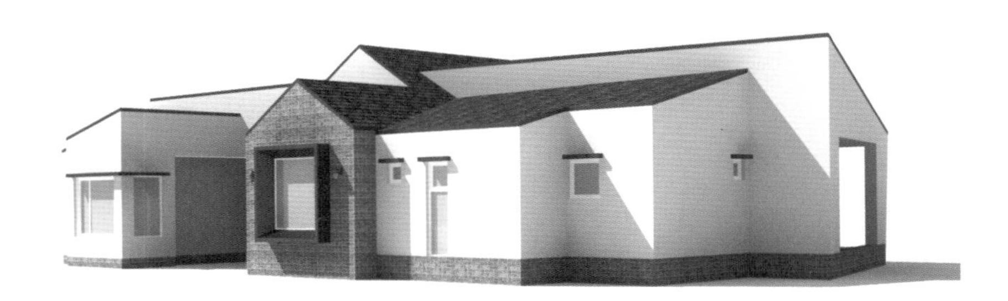

젊은 감성 트렌드를 입다

HOUSE **PLAN**

공법 : 경량목구조
건축면적 : 230.71 m²
1층 면적 : 130.20 m²
2층 면적 : 100.51 m²

지붕마감재 : 리얼징크
외벽마감재 : 모노롱벽돌
포인트자재 : 모노롱벽돌
벽체마감재 : 실크벽지, 파벽돌, 포세린 타일
바닥마감재 : 이건 강마루
창호재 : 이건 알루미늄 3중 시스템창호

예상 총 건축비 _
538,000,000 원

· 부가세 포함, 산재보험료 포함
· 설계비, 인허가비, 구조계산 설계비 별도

설계비 _
10,500,000 원 (부가세 포함)

인허가비 _
7,000,000 원 (부가세 포함)

구조계산 설계비 _
7,000,000 원 (부가세 포함)

인테리어 설계비 _
7,000,000 원 (부가세 포함)

건축비 외 부대비용 _
대지구입비, 가구 (싱크대, 신발장, 붙박이장)
기반시설 인입 (수도, 전기, 가스 등)
토목공사, 조경비 등

젊은 감성 트렌드를 입다

개인 주차장을 품은 집. 집을 짓는 사람들의 로망을 담아 태어난 이번 주택은 대전 유성구에 지어질 집이기도 합니다. 모노롱 조적 벽돌을 마감재로 선택해 무게감과 젊은 트렌디함을 장점으로 설계를 완료했습니다.

경량 목구조 공법으로 기본 단열을 잡아주고 이건 알루미늄 3중 시스템창호를 전 창에 적용해 준 패시브 급에 달하는 단열 조건을 맞춰주었습니다.

'ㄱ' 자형의 배치로 자연스럽게 공용공간과 개인공간의 동선을 분리했습니다. 2층에 자녀들이 머무르는 공간을 단순히 방만으로 구성하지 않고 별도의 가족실과 서재 공간을 만들어 2층에서 다목적으로 활동할 수 있도록 설계했습니다.

집을 설계하면서 '절제미'를 항상 가지려고 노력합니다. 사람의 욕심에 끝이 없듯이 어느 순간 하나씩 더하다 보면 과하다 싶을 정도의 디자인이 나오기도 하는데요. 그것이 공짜로 얻어지는 것이 아님을 너무 잘 알기에 항상 적당한 밸런스를 유지하며 설계를 하려고 합니다.

이번 월간홈트리오 7월호 두 번째 모델은 모던 스타일이라는 콘셉트에 맞게 군더더기 없는 선과 면이 만나 깔끔한 느낌이 드는 주택으로 완성했습니다.
무조건 모던 스타일이라고 해서 박스형 창고처럼 짓는 것이 아닌 창문의 형태와 크기 그리고 배치에 대한 고려 등을 여러모로 고려하여 어색하지 않고 조화로운 모던 스타일 주택을 만들려고 노력했습니다.

이번 주택의 평면에는 두 가지 특별한 점이 있습니다.
첫 번째는 현관의 위치입니다. 항상 중앙이나 뒤편에 주로 배치되었던 현관이 주차장의 동선과 연결되어 좌측으로 배치되었습니다. 또한 현관에 진입했을 때 바로 계단실을 하나의 코어로 묶어 '외코어' 형태를 이번 주택에 적용했습니다.

두 번째는 1층에 거실을 없앴다는 것입니다. 도심형 단독주택인 만큼 1층 면적이 생각보다 크지 않습니다. 방을 없애는 보통의 방식 대신에 거실을 2층으로 올리는 설계 방법을 택해 그동안 계획했던 주택과는 다르게 설계했습니다.

집 외관에 있어 창문이 주는 영향력이 생각보다 큽니다. 기성 사이즈를 벗어나는 큰 창호를 곳곳에 배치해 창 자체가 이색적이고 포인트가 되도록 했습니다.

목조주택이기 때문에 옥상은 불가합니다. 가끔 댓글에 '내가 10년 차 목수인데 왜 안된다고 하느냐? 건축가 맞느냐?'라고 밑도 끝도 없이 반박하는 분들이 계신데 홈트리오는 누수의 위험 때문에 절대로 목조주택에 옥상을 만들지 않습니다. 우기셔도 소용없습니다.

집을 지을 때는 첫 번째도 방수, 두 번째도 방수, 세 번째도 방수입니다. 비 새면 끝입니다. 집을 짓는 일도 사람이 하는 일이다 보니 어느 부분에서는 미흡함이 생길 수 있습니다. 처음 설계 때부터 그런 부분을 방지할 수 있다면 건축주님이든 회사든 모두 안전하게 윈윈 할 수 있습니다. 말 안 듣고 옥상 만드시는 분이 계신데 해가 지날수록 분명 누수 때문에 많이 고생하실 것입니다.
아직 집을 짓지 않고 이 글을 읽고 있는 분이 계신다면 옥상은 포기하세요. 그냥 마당에서 그 꿈을 이루시길 권해드립니다.

마지막으로 보일러실에 대한 문의가 많은데 보일러실은 필수입니다. 어설프게 다용도실에 벽걸이로 달 생각 마세요. 그냥 안전하게 1평 정도 보일러실 만드는 것이 좋으며, 추후 AS가 가능하도록 배관 공간을 만드는 것이 좋습니다.

#모던스타일 #젊은감성 #프리미엄주택 #고단열 #세련됨

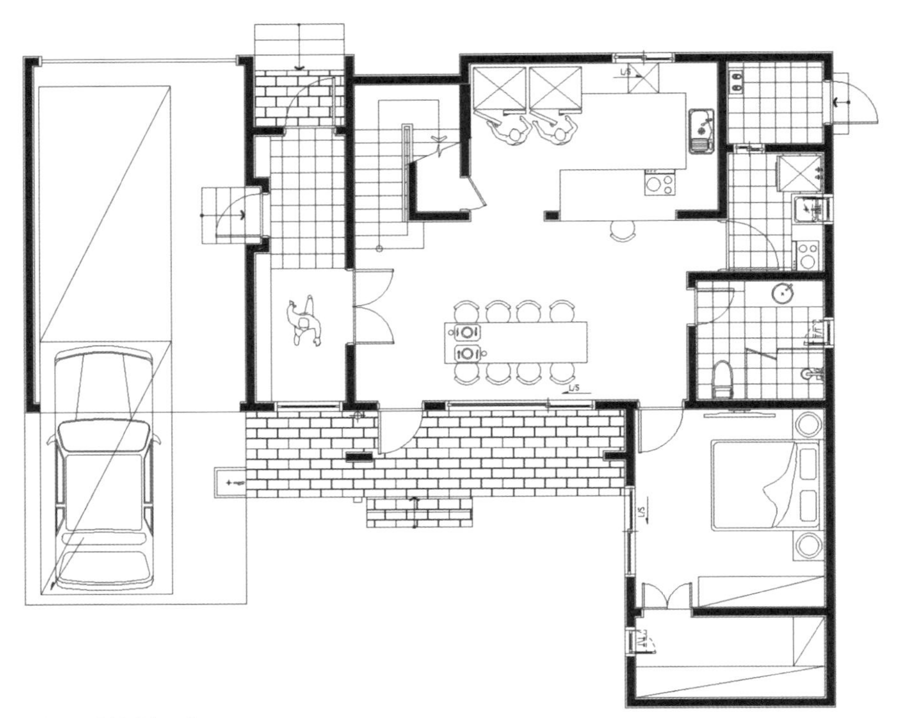

1F - 130.20 m²

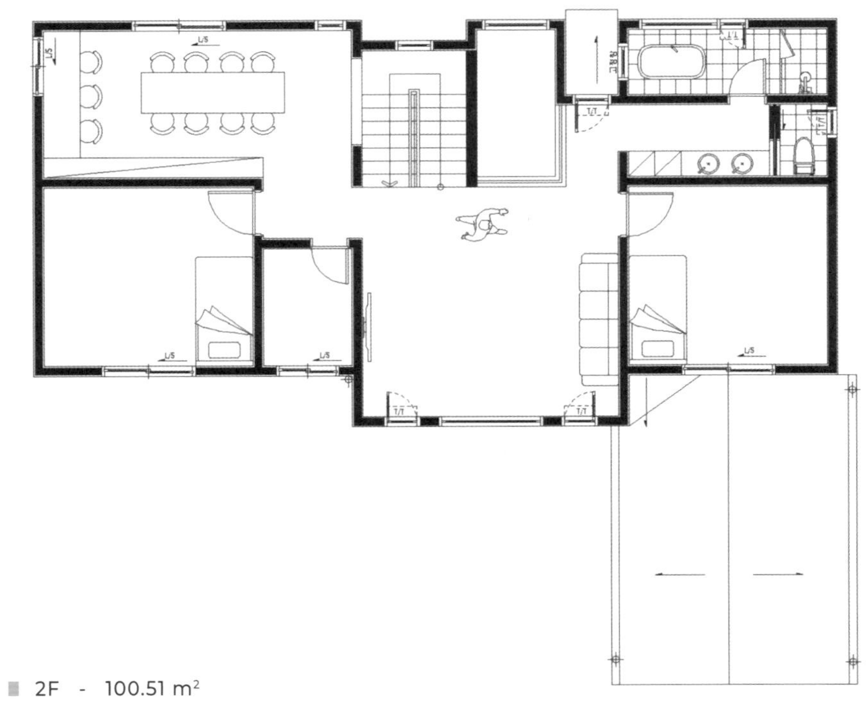

2F - 100.51 m²

■ 이동혁 건축가

'ㄱ'자형 배치의 가장 큰 단점은 동선이 길어져 복도가 생기고 그 공간이 데드 스페이스가 된다는 것입니다. 하지만 그 문제를 해결하는 방법이 오늘 설계 평면도에 있습니다. 거실과 주방이 꼭 1층에 있어야 하는 것은 아닙니다. 1층은 복도 없이 주방만 두고 바로 방으로 들어가는 동선을 만든 뒤 거실을 2층에 배치하면 데드스페이스를 줄일 수 있습니다.

■ 정다운 건축가

주택설계를 할 때 가장 주의해야 할 점은 고정관념에 사로잡히는 것입니다. 항상 그래왔듯 안전하게... 솔직히 이건 너무 쉬운 방법이에요. 저희가 설계한 집을 보면 단 하나도 같은 집이 없습니다. 그 이유는 모든 집을 설계할 때 건축주님께 100% 맞춘 설계를 진행하기 때문입니다. 포트폴리오를 참고하는 것은 말 그대로 도움을 얻는 정도이지 건축주님의 집을 그곳에서 찾으려고 하면 안 됩니다. 어차피 땅과 건축주님의 라이프스타일이 모두 다르게 때문에 남의 집을 그대로 가져와 짓는 것은 애초에 말이 안됩니다. 건축주님만의 집을 지으세요. 일생에 단 한 번 짓는 집. 건축주님만을 위한 집으로 지으셔야 합니다.

■ 임성재 건축가

기존에 가장 많이 사용했던 벽돌은 기성 사이즈의 벽돌이었습니다. 특히 고벽돌과 청고 벽돌에 많이 치중되어 있었습니다. 최근에는 좀 더 다양한 느낌을 내기 위해 긴 벽돌 형태인 모노롱 벽돌을 사용하기 시작했습니다. 솔직히 사용된 지는 조금 오래되었는데 최근 몇 년간 젊은 층에서 많이 사용하고 있다고 생각하시면 될 것 같습니다. 모던 스타일의 가장 큰 장점은 군더더기 없는 깔끔한 면에 있습니다. 이번 주택처럼 그레이톤의 모노롱 벽돌과 깔끔한 선 정리 그리고 리얼징크의 조합으로 집을 짓는다면 지나다니는 사람들 모두 한 번쯤 고개 돌려 쳐다볼만한 집으로 탄생할 것입니다.

전원의 매력을 만끽하다

HOUSE **PLAN**

공법 : 경량목구조
건축면적 : 142.94 m^2
1층 면적 : 99.85 m^2
2층 면적 : 43.09 m^2

지붕마감재 : 아스팔트쉉글
외벽마감재 : 스타코플렉스
포인트자재 : 파벽돌, 합성목재
벽체마감재 : 실크벽지
바닥마감재 : 이건 강마루
창호재 : 이건 알루미늄 3중 시스템창호

예상 총 건축비 _
272,900,000 원

· 부가세 포함, 산재보험료 포함
· 설계비, 인허가비, 구조계산 설계비 별도

설계비 _
6,450,000 원 (부가세 포함)

인허가비 _
4,300,000 원 (부가세 포함)

구조계산 설계비 _
4,300,000 원 (부가세 포함)

인테리어 설계비 _
4,300,000 원 (부가세 포함)

건축비 외 부대비용 _
대지구입비, 가구 (싱크대, 신발장, 붙박이장)
기반시설 인입 (수도, 전기, 가스 등)
토목공사, 조경비 등

전원의 매력을 만끽하다

해가 지고 조용한 가운데 풀벌레 소리가 귓가에 들려오면 그 고요함이 생각보다 좋을 때가 있습니다.

그냥 그 모든 것이 너무 좋고, 마음에 와닿을 때 느껴지는 감정은 말로 표현하기 어렵네요. 전원주택이 가진 가장 큰 장점은 나만의 공간에서 오롯이 나만의 감정을 조용히 즐길 수 있다는 것입니다. 너무 시끄러운 세상에서 잠시 벗어나 조용히 풀벌레 소리를 들으며 힐링하는 것. "어떠세요? 이 집에서 같이 힐링해 보시는 건"

이번 주택의 평면을 구성할 때 건축주님의 요청에 따라 공간별 영역을 확실히 구분할 수 있도록 동선을 계획했습니다. 일반적으로 구성되는 거실, 주방 원 스페이스 개방 형식이 아닌 현관을 중심으로, 그리고 문을 설치해 완벽하게 공간을 차단할 수 있도록 설계했습니다.

이렇게 구분하면 시각적인 개방감은 다소 떨어질 수는 있지만 건축주님이 원하셨던 공간별 차단이 되고 특히 손님들이 왔을 때 주방 쪽 문을 닫으면 각 공간의 프라이버시가 완벽하게 지켜질 수 있다는 장점이 있습니다.

2층은 꼭 필요한 공간인 화장실, 가족실, 방 2개를 구성했으며, 1평 정도의 발코니를 통해 외부의 환경을 즐길 수 있도록 공간을 구성했습니다.

2층에 많은 욕심을 내시는 분이 계신데 예산이 빠듯한 분이라면 2층을 너무 넓게 구성하려고 욕심부리시기보다 이번 주택처럼 꼭 필요한 공간만을 구성해 낭비되는 공간이 없도록 설계하시는 것이 중요합니다.

입면 디자인의 전체적인 느낌은 클래식입니다. 다만 너무 단조로운 느낌을 없애주기 위해 거실 쪽 지붕을 디자인했고 외쪽지붕과 박공지붕을 혼합해 개성 있는 집으로 만들었습니다. 스타코플렉스 기본 마감에 일부의 톤을 조절해 포인트로 사용하고 거실은 파벽돌을 붙여 무게감을 잡아주는 동시에 포인트가 되도록 했습니다.

석재 데크는 이제 말 안 해도 다들 아실 거라 생각합니다. 점차 목재 데크를 설치하는 비율이 줄어들고 유지관리가 용이한 석재를 데크재로 선택하는 비중이 높아지고 있습니다. 초기 설치비는 목재 데크보다 평당 30만 원 이상 비싸지만 10년 이상의 기간을 생각하면 유지관리와 활용도에서 석재 데크가 높은 효율을 자랑한다고 할 수 있습니다. 콘크리트 기초에 석재 판을 깔아 마감하는 방식으로 다양한 재질의 석재 판이 있기 때문에 취향에 맞춰 시공하시면 됩니다.

마지막으로 전원주택 집 짓기는 많은 공부가 필요합니다.

'알아서 지어주세요', '대충 얼마예요?', '고급 말고 중급으로 지을 거니 견적 내주세요'.

이런 질문을 하시는 분의 마음도 알지만, 어차피 이렇게 질문해서는 답이 안 나옵니다. 내 머릿속에 있는 이미지를 구체화하는 단계가 설계단계입니다. 설계도 없으면 죽었다 깨어나도 건축비 안 나온다고 생각하시면 됩니다. 왜 안 알려주냐고 하시는 분들이 계신데 어떻게 지을지 알려주셔야 견적을 내드리죠. ㅠㅠ

그만 고민하시고 설계부터 진행하세요. 꼭 저희와 안 하셔도 됩니다. 마음에 맞는 건축가와 설계도를 그리셔야 그다음 시공을 논할 수 있습니다. 답답하고 무섭더라도 집 짓기의 첫 단추는 설계입니다. 설계하시고 그다음 시공을 고민하세요.

#클래식전원주택 #안정감 #따뜻한 #깨끗함 #내마음에쏙

1F - 99.85 m^2

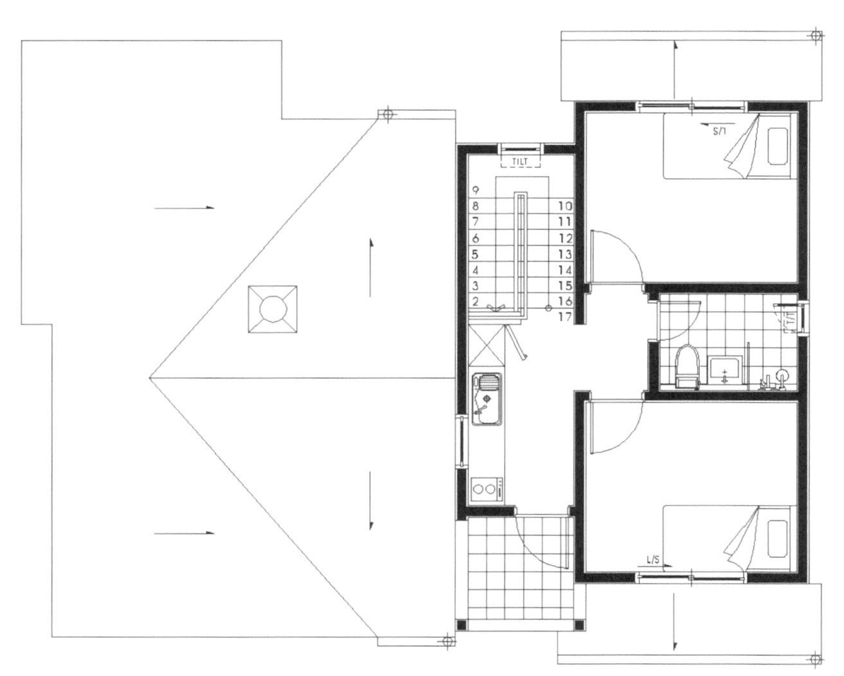

2F - 43.09 m^2

■ 이동혁 건축가

공간을 설계할 때 불편함을 줄일 수 있는 가이드라인은 존재해도 정답은 존재하지 않습니다. 그 이유는 모든 사람의 라이프스타일이 다 다르기 때문입니다. 활동량도 다르고 생활환경도 완전히 다릅니다. 항상 말하듯 다른 사람의 집은 참고만 하시고 그곳에 너무 빠져서 분석하는 것은 생각보다 무의미합니다. 내 집은 내 땅에 맞게 다시 설계해야 완벽하게 내 마음에 드는 집이 되며, 남의 집을 보고 이거는 마음에 안 들고 저것도 이상하고... 백날 말해 무엇하겠습니까. 그 집은 내 집이 아닌데요. 제 말뜻을 아시겠죠? 남의 집은 그만 평가하세요. 이제는 내 집을 설계해야 할 때입니다.

■ 정다운 건축가

이번 주택의 평면은 조금 독특합니다. 주방과 거실을 완전히 분리했습니다. 시야가 막히는 부분이 존재하지만, 영역으로 본다면 각 공간의 프라이버시를 완벽하게 지켰다고 할 수 있습니다. 이렇게 설계하면 사장님과 사모님의 활동 공간이 침해받지 않고 각 공간을 사용할 수 있습니다. 또 다른 장점으로 손님이 많은 집은 분리된 영역으로 인해 거실을 제외한 나머지 공간은 자연적으로 차단되는 효과를 누릴 수 있습니다.

■ 임성재 건축가

입면을 구성할 때 지붕을 생각보다 많이 신경 씁니다. 지붕을 어떻게 구성하느냐에 따라 집의 스타일이 완전히 바뀌기 때문입니다. 쉽게 말해 사람의 헤어스타일에 따라 분위기가 바뀌는 것처럼 집의 분위기도 달라진다고 생각해주셨으면 합니다. 이번 주택은 클래식한 느낌으로 디자인했지만, 너무 단조로운 느낌이 있어 그것을 벗어나기 위해 외쪽 경사지붕을 한쪽 매스에 적용해 조금 개성 있는 디자인으로 탄생한 주택입니다. 디자인은 호불호가 있어서 이 집의 건축주님의 취향에 맞게 설계했다고 생각해주시면 될 것 같습니다.

PART 08

#8월, 입추(立秋)

가을이 시작됐습니다

앞마당의 나뭇잎에도 단풍이 들기 시작했어요.

밤에는 시원한 바람이 불기 시작했고,

더웠던 여름의 끝자락에서 이제는 여름을 보내줄 준비를 해요.

영원한 봄 향기

HOUSE **PLAN**

공법 : 경량목구조
건축면적 : 205.02 m^2
1층 면적 : 98.91 m^2
2층 면적 : 89.91 m^2
다락 면적 : 16.203 m^2

지붕마감재 : 아스팔트슁글
외벽마감재 : 스타코플렉스
포인트자재 : 리얼징크, 합성목재
벽체마감재 : 실크벽지
바닥마감재 : 이건 강마루
창호재 : 이건 알루미늄 3중 시스템창호

예상 총 건축비 _

376,600,000 원

· 부가세 포함, 산재보험료 포함
· 설계비, 인허가비, 구조계산 설계비 별도

설계비 _
9,300,000 원 (부가세 포함)

인허가비 _
6,200,000 원 (부가세 포함)

구조계산 설계비 _
6,200,000 원 (부가세 포함)

인테리어 설계비 _
6,200,000 원 (부가세 포함)

건축비 외 부대비용 _
대지구입비, 가구 (싱크대, 신발장, 붙박이장)
기반시설 인입 (수도, 전기, 가스 등)
토목공사, 조경비 등

영원한 봄 향기

청초한 아름다움을 간직한 집.
상쾌한 봄 향기를 머금고 영원히 우리 가족을 따뜻하게 맞이해 줄 집.
62평의 넉넉한 공간과 젊은 감각이 느껴지는 도심형 모던스타일 단독주택으로 지나다니는 모든 사람의 눈길을 사로잡을 집입니다.

건축가의 개인적 취향이라고 할까요. 저는 이번 주택의 외관이 매우 마음에 듭니다. 젊은 건축가여서 그런지 조금 덜 붙이고 깨끗한 모던 스타일을 좋아합니다. 어떤 분은 너무 차갑고 심심하다고 하지만 제 취향은 이번 주택에 가깝습니다. 하지만 오해하시면 안 되는 것은, 집은 100% 개인 취향에 따라 외관을 디자인하므로 정답이 없습니다.

생각보다 많은 분이 저희에게 상담받으러 오셔서 다른 집 흉을 보시는데 그러지 않으셔도 됩니다. 그 집은 건축주님의 집이 아니잖아요. 어차피 내 마음에 드는 집은 이 세상에 존재하지 않을 것입니다. 모두가 옷 입는 스타일이 다르듯 집도 마찬가지입니다. 다른 사람의 집에 너무 빠지셔서 '왜 저 사람은 저렇게 이상하게 지었지?', '이해를 할 수 없네', '생각이 있는 거야 없는 거야?', '난 절대로 저렇게 짓지 말아야지'… 네네 이해합니다. 하지만 비난은 자제 부탁드립니다. 여러분은 모르시겠지만 다른 분도 여러분의 집을 보고 욕할 수 있거든요. 모두 같은 상황이니 굳이 다른 사람을 비난해서 내 가치를 인정받으려고 하지 않으셔도 됩니다. 제가 다 건축주님 개개인에 맞춰 집을 설계해 드릴 거거든요.

이번 주택은 공간을 구성할 때 개인공간의 영역성을 많이 강조했습니다. 쉽게 말하면 각 공간에서 활동할 때 다른 사람의 방해 없이 오롯이 그 공간을 활용할 수 있게 했다는 뜻입니다. 어렵나요? 보통 개방감을 주는 평면은 모든 공간을 하나로 묶습니다. 그래야 탁 트인 느낌을 받을 수 있으니까요. 하지만 그러면 주방이든 거실이든 방이든 모두 소음에 노출되기 때문에 혼잡해질 수 있다는 단점이 생깁니다.
영역을 확보해주는 가장 좋은 방법은 이번 주택처럼 각 공간을 벽으로 구분하고 현관을 중심으로 가장 많은 활동이 이루어지는 거실과 주방을 분리해 각 공간의 프라이버시를 동선으로 차단하는 것입니다.

입면 디자인에서 영향력이 가장 큰 부분은 포인트와 창문 두 가지 입니다. 이 두 가지를 어떻게 디자인하느냐에 따라 집의 스타일이 완전히 달라집니다.

창문의 경우 알루미늄 시스템창호를 적용하고 블랙 도장을 적용해 사람으로 치면 아이라인을 그리는 효과를 줍니다. 이렇게 하면 특별하게 포인트를 붙이지 않아도 집 차제가 돋보이는 효과가 생깁니다. 창문이 크면 클수록 이 효과는 커집니다. 창문의 경우 기성 사이즈가 있고, 주문 제작을 해야 하는 사이즈가 있습니다. 기성 사이즈의 창문은 가격대가 정해져 있으며 상대적으로 비싸지 않습니다. 주문 제작 창호의 경우 기성 창호보다 최소 2배 이상의 가격차가 발생합니다.

다만 입면에 독특한 느낌을 주는 중요한 역할을 담당하고 있음으로 저희도 부분별로 적용을 합니다. 모든 창을 주문 제작 창호로 사용할 경우 말도 안 되는 금액이 나오니 기성 사이즈 창호와 주문 제작 창호를 적절히 섞어서 사용하시길 바랍니다.

리얼징크의 경우 차가운 느낌과 도시적인 느낌을 입면에 입혀주는데 최고의 자재입니다. 전원주택을 지을 때 도심형 전원주택이라고 하면 거의 70% 이상의 집에 들어가고 있지 않을까 생각됩니다. 옛날에는 리얼징크의 품질이 일정하지 않아 녹이 발생하는 경우들이 있었는데 최근에는 기술력이 많이 발전하여 거의 하자가 발생하지 않습니다. 비용이 걱정되시는 분은 굳이 오리지널 징크를 고집하지 말고 리얼징크를 선택해 가성비를 챙겨가는 것을 추천해 드립니다.

#봄향기 #취향저격 #사모님취향 #여자가반해 #도심형단독주택

1F - 98.91 m²

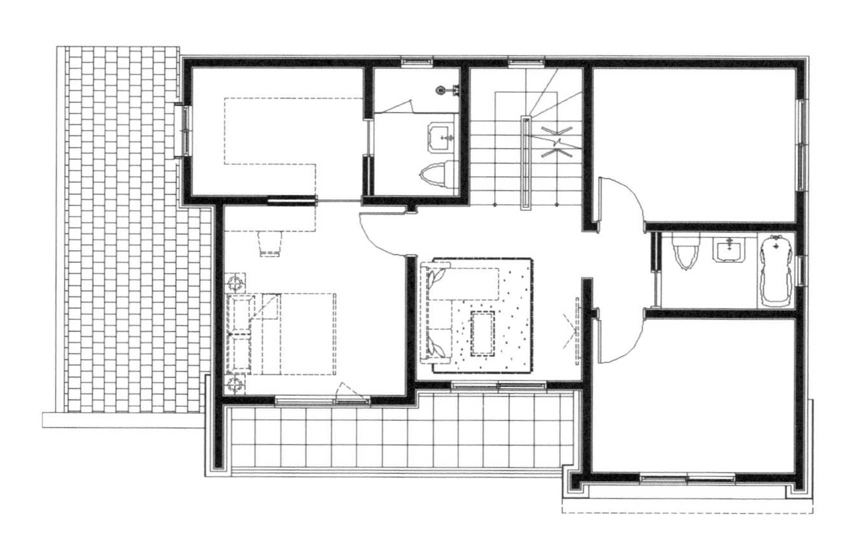

2F - 89.91 m²

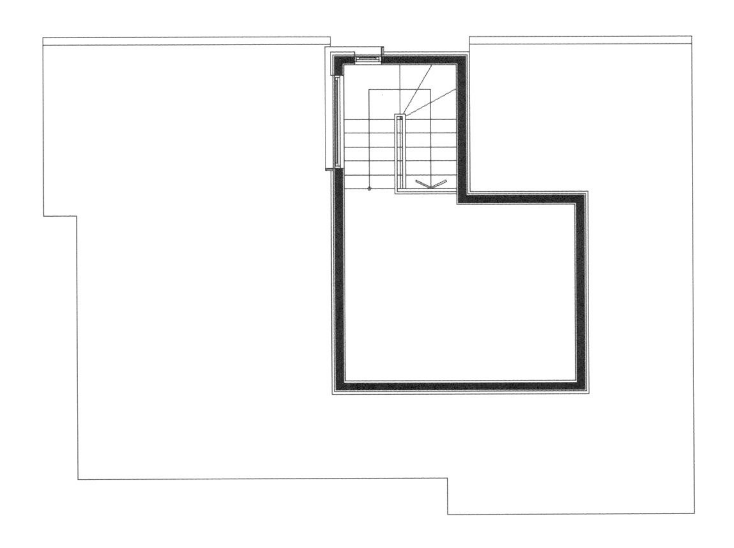

Attic - 16.20 m²

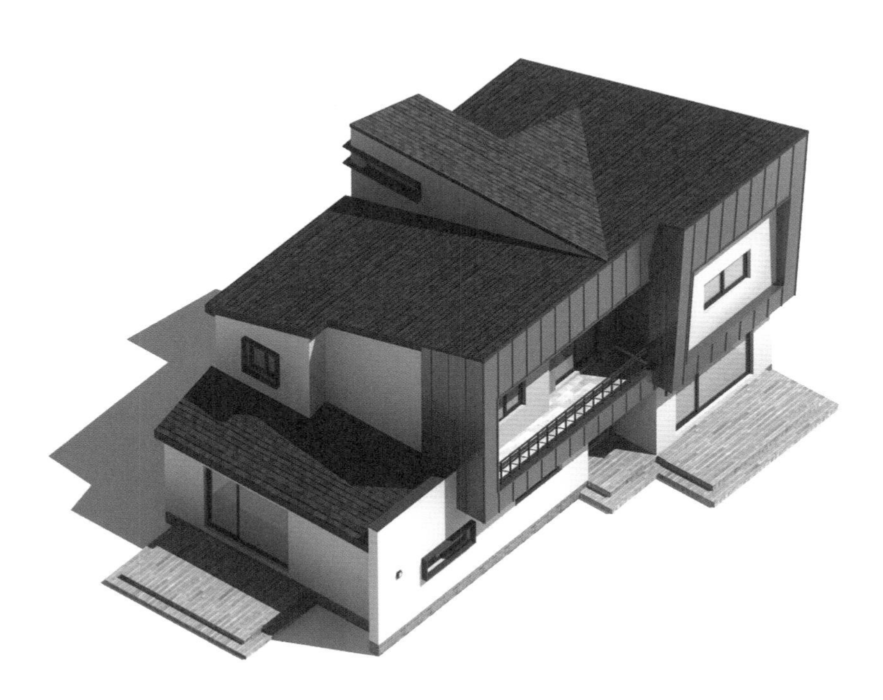

■ 이동혁 건축가

심플한 디자인의 매력을 물씬 느끼게 하는 주택입니다. 단 하나의 포인트만을 적용해 임팩트 강한 입면으로 완성했으며, 모던한 주택이 줄 수 있는 매력을 모두 보여준 주택이라 평하고 싶습니다. 디자인하다 보면 과하게 외장재를 붙이시는 분이 계신데, 포인트는 말 그대로 포인트로 적용해야 빛나지 모든 벽이 포인트로 감싸 지게 되면 자칫 조잡해 보일 수 있습니다.

■ 정다운 건축가

목조주택에서 가장 중요하게 생각해야 하는 부분은 방수입니다. 다른 말로 '누수를 완벽히 잡아야만 좋은 집이라고 불릴 수 있다.' 이렇게 설명해 드리고 싶네요. 정면에서는 모던한 느낌의 박스형 이미지여도 뒤쪽으로는 외 경사지붕이 무조건 존재해야 합니다. 물이 잘 빠져나가도록 설계해야 물이 고이는 것을 방지할 수 있거든요. 박스형 입면을 만들어야 한다고 해서 평지붕으로 만들어야 한다는 고정관념을 버리시기 바랍니다.

■ 임성재 건축가

실내 공간을 구성할 때 '개방감을 중요하게 생각할 것이냐?' 아니면 '공간의 영역성을 확보할 것이냐?'로 설계 방향성이 완전히 달라집니다. 왜냐하면 저 두 가지 이야기는 서로 반대되는 이야기거든요. 이번 주택에서는 개방감보다 공간의 영역성에 좀 더 치중한 설계를 적용했습니다. 거실과 주방의 동선을 완전히 분리하고 각 공간에서 독자적으로 활동할 수 있도록 했습니다. 이렇게 구성하면 공간별로 활동에 침해받지 않는다는 장점이 존재합니다.

바람길을 수놓다

HOUSE **PLAN**

공법 : 경량목구조
건축면적 : 215.96 m²
1층 면적 : 136.24 m²
2층 면적 : 79.72 m²

지붕마감재 : 리얼징크
외벽마감재 : 스타코플렉스
포인트자재 : 리얼징크, 합성목재
노출콘크리트패널
벽체마감재 : 실크벽지
바닥마감재 : 이건 강마루
창호재 : 이건 알루미늄 3중 시스템창호

예상 총 건축비 _
442,500,000 원

· 부가세 포함, 산재보험료 포함
· 설계비, 인허가비, 구조계산 설계비 별도

설계비 _
9,750,000 원 (부가세 포함)

인허가비 _
6,500,000 원 (부가세 포함)

구조계산 설계비 _
6,500,000 원 (부가세 포함)

인테리어 설계비 _
6,500,000 원 (부가세 포함)

건축비 외 부대비용 _
대지구입비, 가구 (싱크대, 신발장, 붙박이장)
기반시설 인입 (수도, 전기, 가스 등)
토목공사, 조경비 등

바람길을 수놓다

모던한 주택의 묘미를 잘 살린 주택. 보고만 있어도 흐뭇한 미소는 가시지 않습니다. 성남에 지어질 이번 주택은 건축주님의 라이프스타일을 고스란히 반영하여 설계한 집으로 거실과 주방 공간을 타 주택과는 다른 느낌으로 설계했습니다.

65평의 넉넉한 공간에 여자들이 꿈꾸는 주방과 남자들의 로망이 담긴 거실 등 전원주택의 매력을 듬뿍 느낄 수 있도록 설계했습니다.
매력적인 공간을 만들고 싶나요? 그렇다면 이번 주택을 눈여겨 봐주세요.

철근콘크리트 주택으로 보이겠지만, 이번 주택은 경량목구조 전원주택입니다. 기술이 많이 발전하고 안정화되면서 입면만 봐서는 철근콘크리트 주택인지 목조주택인지 구분하기 어려운 수준까지 왔습니다. 10년 전 처음 주택 일을 했을 때는 목조주택의 퀄리티가 티 나게 낮았었는데 정말 기술이 많이 발전하긴 했나 봅니다.

목조주택의 거듭된 발전은 건설회사들의 브랜드화가 일조했다고 생각합니다. 그동안 전원주택은 동네에서 알음알음 목수에게 맡기던 것이 대부분이었고 아직도 지방에서는 샌드위치 패널과 벽돌로 집을 마무리하는 곳도 있습니다. 간혹 지역 건축단가와 비교해서 왜 이렇게 금액이 많이 차이 나는지 질문하시는 분들이 계신데 사용하는 공법과 자재가 완전히 다릅니다. 창문만 해도 전 창 3중 시스템창호가 기본 적용되니까요. 평당 단가는 의미가 없습니다. 설계도부터 그리시고 정확한 산출내역서와 스펙으로 금액을 산출하시기 바라겠습니다.

이번 주택은 65평의 중대형 평수로 설계했습니다. 포치와 발코니를 넓게 만들어 입면이 더 크게 보입니다. 스타코플렉스 외장재에 합성 목재와 노출 콘크리트 패널 그리고 리얼징크를 혼합해 유니크하게 디자인했습니다. 홈트리오는 루나우드를 사용하지 않습니다. 목재로 된 부분은 모두 합성 목재라고 생각하시면 됩니다.

매번 이야기하지만 2층 외부 발코니는 지붕을 무조건 덮어야 합니다. 간혹 댓글로 몇 년 차 목수인데 절대로 비 안 샌다고 우기시는 분들이 계신데 비 샙니다. 1~2년은 신축이니 안 샐 수도 있지만 30년을 살아야 하는 입장에서는 언젠가는 누수가 발생한다는 불안감을 안고 살아야 합니다. 제집도 아니고 여러분들의 집입니다. 고집부리지 마시고 무조건 덮으세요. 그리고 더욱더 철저한 방수를 원한다면 발코니에도 창을 달아 추위와 비를 막아주세요. 그러면 제가 장담하는데 절대로 비 샐 일 없습니다.

평면구성은 작은 평형대를 설계하는 것과 완전히 다릅니다. 오밀조밀하게 구성하는 것이 아니라 크게 크게 그리고 시원하게 공간을 설계합니다. 방을 총 4개 구성하고 그 방 중에 게스트룸까지 구성해서 손님이 오더라도 불편함 없이 지낼 수 있도록 했으며, 넓은 거실과 주방을 독립적인 공간으로 설계해 각 공간이 지닌 매력을 극대화 할 수 있도록 했습니다.

모던 주택의 묘미는 박스형 입면에 있습니다. 하지만 목조주택이니 공기가 순환할 수 있는 벤트와 물이 고이지 않게 하는 지붕의 경사도는 필수입니다. 전면에서는 박스 형태로 모양을 잡아주고, 뒤쪽으로는 경사지붕을 내려주어 디자인과 실용성을 모두 잡아준 주택이라 이야기해 드리고 싶습니다.

마지막으로 창문 디자인이 집에 끼치는 영향은 생각보다 큽니다. 특별히 주문 제작 창호를 사용하지 않아도 이번 주택처럼 창문 블랙 도장을 통해 모던함을 더욱 강조할 수 있습니다. 아무래도 화이트톤의 창호 프레임은 잘되어있는 디자인에 언발란스한 느낌을 줄 때가 있거든요. 많이 놓치지만, 창문 프레임 색상이 생각보다 중요하다는 것을 인지하고 계시길 바라겠습니다.

#모던스타일 #65평전원주택 #갤러리타입 #방이4개 #넓은발코니와포치

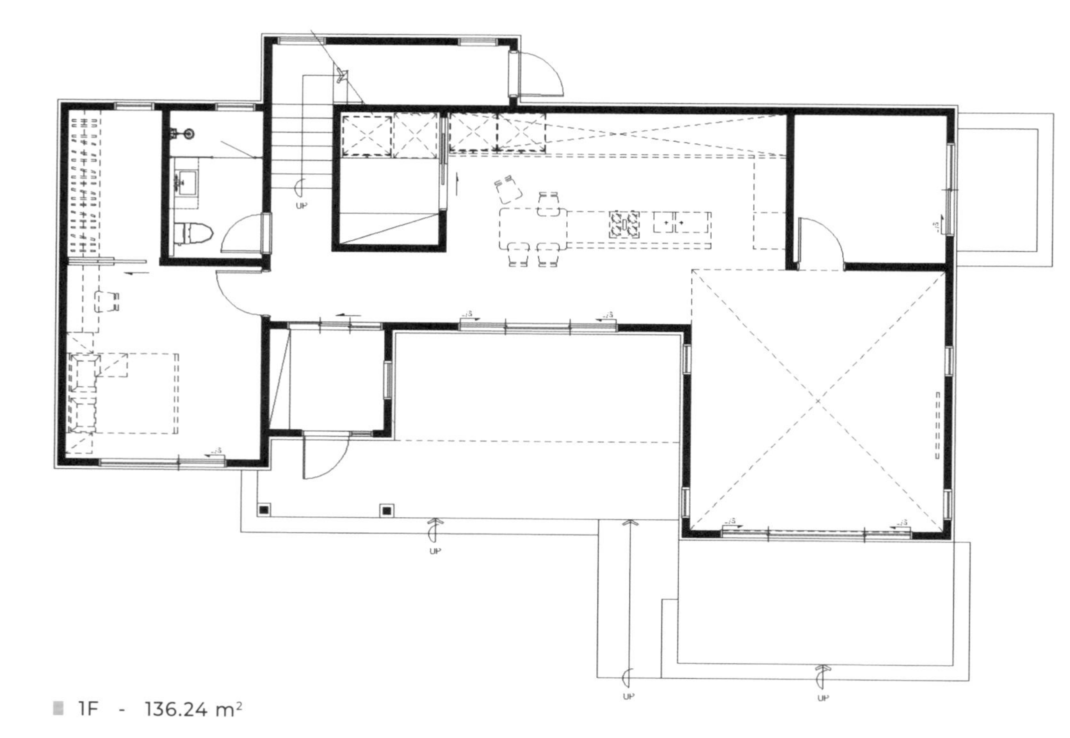

1F - 136.24 m²

DN
SLOPE 1/10
SLOPE 1/10
SLOPE 1/10
L/S
L/S
L/S
L/S

2F - 79.72 m²

이동혁 건축가

65평은 중대형 평수로 분류합니다. 절대 작은 면적이 아니기에 공간을 구성할 때도 시원시원하게 공간을 만듭니다. 30평형대의 주택에서는 1평의 공간이라도 실제 사용할 수 있게 하는 것이 중요하지만, 60평 이상의 주택은 각 공간에 들어갔을 때 어떤 느낌을 받을지를 먼저 고민합니다. 주방 공간을 예로 들면, 30평형에서는 공간을 하나로 오픈시켜 개방감을 느끼게 합니다. 하지만 60평 이상의 주택은 공간이 넉넉하기 때문에 꼭 하나의 오픈공간으로 만들 이유는 크게 없습니다. 공간별로 넓은 공간을 배정할 수 있기 때문에 개방감보다는 그 공간에 들어갔을 때 어떠한 느낌을 받게 할 것인지를 우선 고려합니다.

정다운 건축가

발코니를 전면부에 넓게 구성하면 입면이 더 커보입니다. 집을 처음 봤을 때 들어가고 나오는 입체적인 부분이 많아야 집이 더 커보이고 독특한 느낌이 듭니다. 과하면 촌스러운 느낌이 들지만 적절하게 발코니와 포치를 구성한다면 투자한 금액 대비 높은 디자인 효과를 얻을 수 있습니다.

임성재 건축가

건축비의 차이는 크게 외장재와 창호에서 생깁니다. 많이 물어보시는 평당 단가가 크게 의미가 없는 이유는 외장재를 어떤 것으로 할 것인지에 따라 수천만 원이 차이 나기 때문입니다. 또한 창문도 브랜드나 재질에 따라 60평 기준에서 최소 3천만 원 이상의 차이가 발생합니다. 가끔 전화로 "적당히 중급으로 대충 평당 단가가 얼마예요?"라고 질문하시는 분들이 있는데, 질문의 의도는 이해하지만 이것이 얼마나 무지한 질문인지를 아셔야 합니다. 이 것은 본인에게 사기 쳐 달라는 말입니다. 내 머릿속에 있는 집을 그리는 작업이 설계단계입니다. 결코 설계도면 없이 최종 견적은 나오지 않습니다. 답은 설계도면에 있습니다. 설계비를 아끼려고 돌고 돌아도 결국 설계를 해야 합니다.

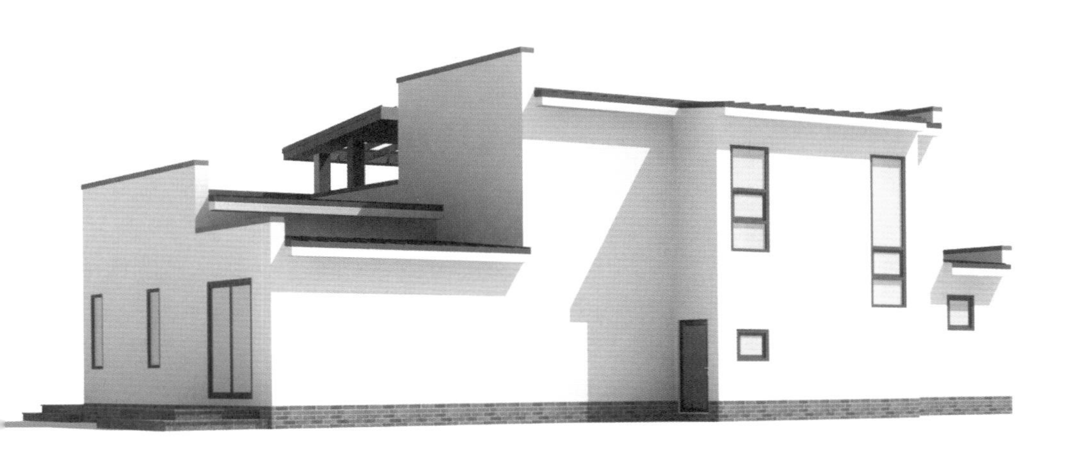

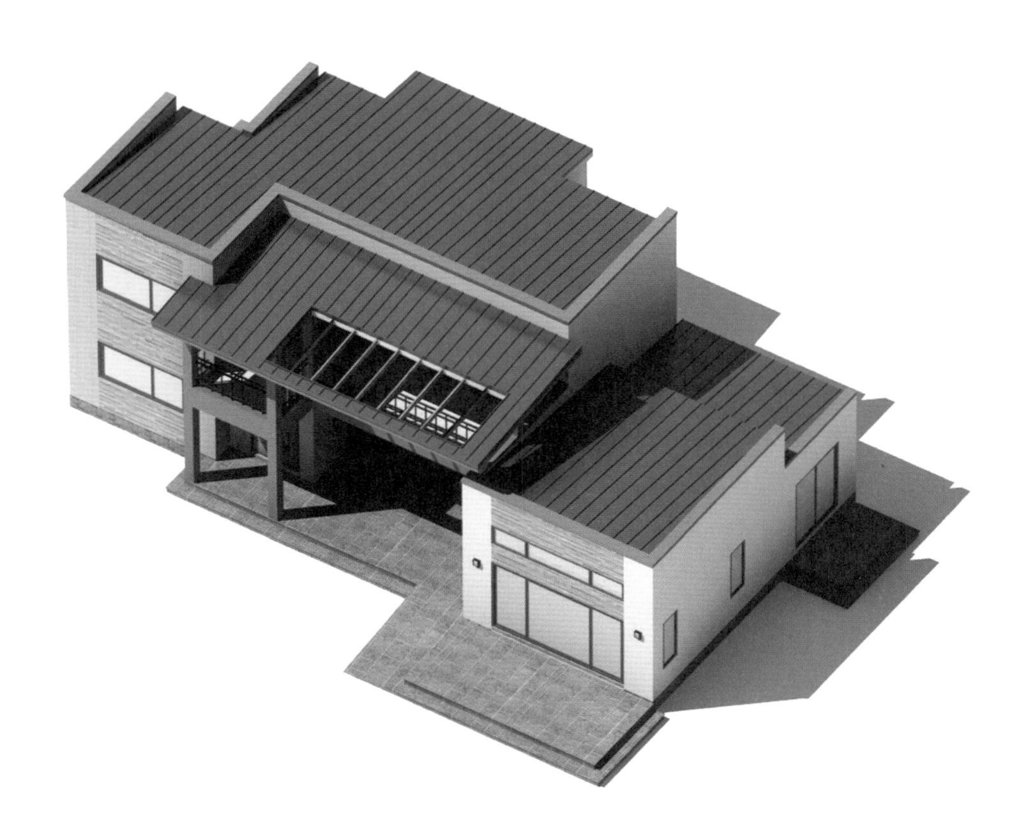

0803 _ 30평 경량목구조

나만의 작은 집

HOUSE **PLAN**

공법 : 경량목구조
건축면적 : 97.11 m²
1층 면적 : 97.11 m²

지붕마감재 : 아스팔트쉬글
외벽마감재 : 스타코플렉스
포인트자재 : 파벽돌
벽체마감재 : 실크벽지
바닥마감재 : 이건 강마루
창호재 : 이건 알루미늄 3중 시스템창호

예상 총 건축비 _
182,000,000 원

· 부가세 포함, 산재보험료 포함
· 설계비, 인허가비, 구조계산 설계비 별도

설계비 _
4,500,000 원 (부가세 포함)

인허가비 _
3,000,000 원 (부가세 포함)

구조계산 설계비 _
3,000,000 원 (부가세 포함)

인테리어 설계비 _
3,000,000 원 (부가세 포함)

건축비 외 부대비용 _
대지구입비, 가구 (싱크대, 신발장, 붙박이장)
기반시설 인입 (수도, 전기, 가스 등)
토목공사, 조경비 등

나만의 작은 집

나와 가족이 온전히 푹 쉬면서 힐링할 수 있는 공간.

크지 않지만 두 사람이 생활하기에 최적인 집. 30평이라는 국민 전원주택 평수에 알찬 공간으로 설계해서 군더더기 없는 예쁜 집으로 완성했습니다.

높은 단열 값과 전 창 알루미늄 3중 시스템창호를 적용하여 추위에 약한 건축주님을 배려했습니다. 이 집의 가장 큰 장점은 건축비에 있습니다. 2억이 안 되는 건축비용으로 큰 부담 없도록 계획했으며, 단층으로 공간을 구성해 낭비되는 면적 없이 모든 공간을 사용할 수 있는 주택으로 설계했습니다.

30평으로 설계할 때는 다양한 생각이 공존합니다. 일반적인 집으로 만들까? 아니면 좀 더 특징이 있는 집으로 만들까? 정답은 건축주님 원하는 대로 하는 것이 답입니다. 생각보다 생뚱맞은 답이 나왔죠? 10년 전에 제가 처음 설계를 시작할 때는 건축 철학과 다양한 아이디어를 넣어서 집을 설계해야만 좋은 집인 줄 알았어요. 물론 큰 규모의 집에서는 그런 독창성이 들어가야 재미있는 집이 만들어지는데 작은 소형평수에서 잘못했다가는 애매한 공간이 만들어질 수 있어 주의를 필요로 합니다.

건축가마다 추구하는 집의 방향성이 존재합니다. 저는 건축주님이 원하는 요소들을 최대한 담아내되, 하자가 발생할 수 있거나 불필요한 공간이 생기는 것을 전문가 입장에서 차단해드립니다. 원하는 것을 무조건 못하게 하는 것은 일생에 단 한 번 짓는 집에 대한 꿈을 무시하는 결과일 수 있기 때문에 최대한 원하는 것을 넣어드리고 그다음 불필요한 부분을 줄여나가는 식으로 설계를 이끌어 나갑니다.

이번 주택의 콘셉트를 잡을 때 '고즈넉함'이라는 단어가 떠오르는 집을 만들자 였습니다. 화려하지 않지만 보고 있으면 그냥 입가에 미소가 번지는 그런 집. 단순함의 미학이라고 할까요? 화려한 것도 좋지만 수수한 멋도 보고 있으면 마음이 편안해지는 장점이 있습니다.

30평 주택은 주 생활공간보다는 부모님 집이나 세컨드 하우스, 농가주택 등으로 많이 의뢰가 들어옵니다. 저희 회사에서 진행하는 가장 작은 평수가 바로 30평입니다. 2층 주택은 계단실의 로스율 때문에 35평이 제일 작은 평수입니다. 다시 말해 30평 단층 주택은 소형주택으로 구분되며, 각 회사마다 정해진 평수가 있겠지만 종합건설회사에서 짓는 집은 30평이 제일 작은 주택이라 할 수 있을 것입니다.

평면을 구성할 때 작은 주택일수록 공간을 많이 나누기보다 최대한 공용공간에서 시각적으로 오픈된 공간을 만들려고 합니다. 현관에 들어와 탁 트인 공간감이 느껴져야 답답함이 없고, 작은 집이라고 해서 '아 좁네'라는 생각이 떠오르지 않습니다. 방은 건축주님의 요구대로 3개를 구성했습니다. 보통 30평형 주택에서는 방을 2개만 구성한 뒤 드레스룸이나 다용도실을 넓게 구성하는 방향으로 진행하는데 자녀들이 많거나 취미 공간이 따로 필요한 경우에는 무리하지 않고 방을 3개 넣어 드립니다.

집에는 정답이 없는 것 아시죠. 본인의 라이프스타일에 따라 공간을 구성하면 되시고 예산 범위 안에서 집을 지을 수 있도록 노력해 보세요.

아! 그거는 있어요. 터무니없는 금액을 예산으로 잡으면 안 됩니다. 예를 들어 최근 상담 오시는 분 중에는 너무 적은 금액으로 정해진 면적을 짓고자 하는 분들이 계신데 아무리 자재를 다운시킨다고 해도 정해진 시장가 아래로 내려갈 수 없습니다. 예산 안에서 지으라는 뜻은 정확한 시장가를 파악한 뒤 그에 맞는 예산을 잡으라는 뜻입니다. 아무리 고민해도 시장가는 내려가지 않습니다. 건축법에서 정한 기준 이상을 무조건 맞춰야 하거든요.

#단층전원주택 #아담한사이즈 #귀요미 #부모님선물 #30평 전원주택

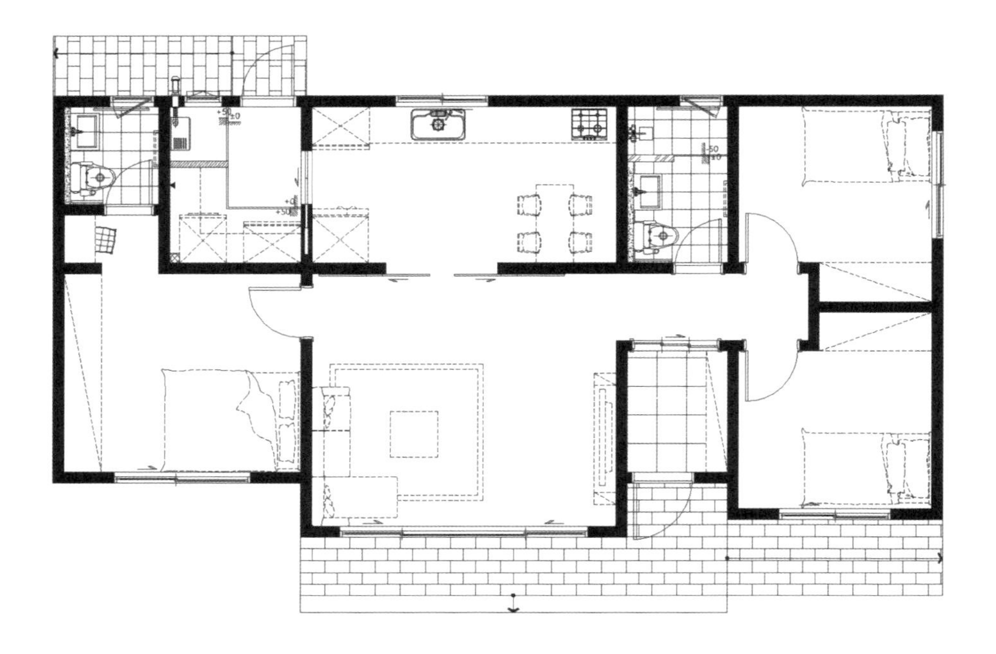

■ 1F - 97.11 m²

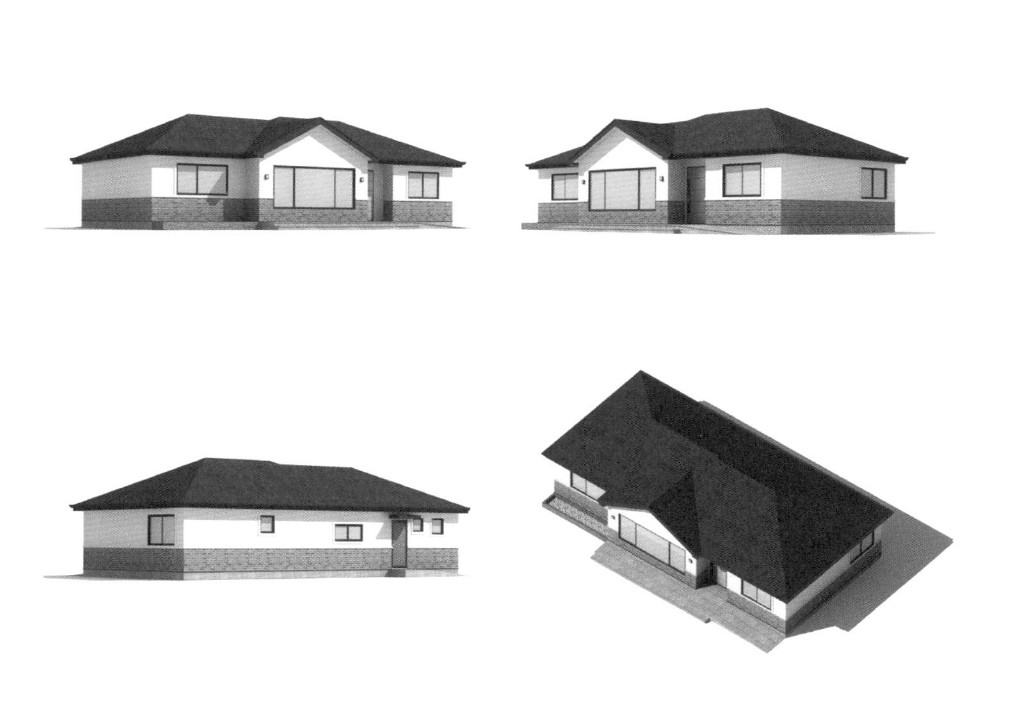

■ 이동혁 건축가

30평 단층 전원주택을 짓는다면 이 집처럼. 넓은 거실과 주방 그리고 3개의 방. 심지어 화장실도 2개 배치. 더 무얼 지적하겠습니까. 거기에 하나 더 더한다면 완벽한 가성비까지. 농가 주택이나 부모님 주택, 세컨드 하우스를 생각하고 계시나요? 그러면 고민 마시고 이 집처럼 지으세요.

■ 정다운 건축가

목조주택의 거실 크기는 4.5m ~ 4.8m로 가로길이를 잡습니다. 나무 길이의 한계로 5m를 넘을 수는 없습니다. 4.5m 이상의 가로 폭에 거실과 주방을 오픈한다면 30평 후반에서 40평 초반의 아파트 거실을 만들 수 있습니다.

■ 임성재 건축가

30평 주택에서는 방을 두 개만 만들라고 조언합니다. 하지만 자녀들이 많은 경우에는 각자 방을 줘야 해서 방 3개를 요구하십니다. 안방은 좀 크게 구성하되 나머지 게스트룸 2개는 3평 정도의 작은 크기로 정말 손님을 위한 공간으로 만들고 손님이 없을 때는 취미 공간으로 사용할 수 있도록 설계했습니다. 방이 2개일 때와 3개일 때의 가장 큰 차이는 다용도실입니다. 아무래도 다용도실로 배정되어야 할 공간에 방을 만들다 보니 상대적으로 다용도실은 협소해질 수밖에 없습니다. 이번 주택은 가스보일러를 기준으로 했으며, 만일 기름보일러를 사용하신다면 다용도실에 벽걸이 형식으로 걸 수 없고 별도로 1평 이상의 보일러실을 설치해야 합니다. 기름보일러는 소음이 엄청 심하거든요. 또한 기름탱크도 안에다 설치한답니다.

PART 09

9월, 추분(秋分)

밤새 내리는 빗소리

빗소리 중에 최고봉은 가을비 내리는 소리일 거예요.

덥지도 않고, 그렇다고 춥지도 않으면서

창문 너머로 비가 내리는 소리를 듣고 있으면

어느 순간 멍 때리며 밖을 바라보고 있는 나를 발견하게 될 거예요.

우리 가족의 보금자리

HOUSE **PLAN**

공법 : 경량목구조
건축면적 : 118.53 m²
1층 면적 : 71.04 m²
2층 면적 : 47.49 m²

지붕마감재 : 아스팔트슁글
외벽마감재 : 스타코플렉스
포인트자재 : 세라믹사이딩
벽체마감재 : 실크벽지
바닥마감재 : 이건 강마루
창호재 : 이건 알루미늄 3중 시스템창호

예상 총 건축비 _
256,800,000 원

· 부가세 포함, 산재보험료 포함
· 설계비, 인허가비, 구조계산 설계비 별도

설계비 _
5,400,000 원 (부가세 포함)

인허가비 _
3,600,000 원 (부가세 포함)

구조계산 설계비 _
3,600,000 원 (부가세 포함)

인테리어 설계비 _
3,600,000 원 (부가세 포함)

건축비 외 부대비용 _
대지구입비, 가구 (싱크대, 신발장, 붙박이장)
기반시설 인입 (수도, 전기, 가스 등)
토목공사, 조경비 등

우리 가족의 보금자리

예쁜 우리 집, 포근한 우리 집.
언제나 그 자리에서 나를 반겨줄 우리 집.

우리 가족의 보금자리를 만들었습니다. 안정감 있는 디자인에 고즈넉한 2층 전원주택. 젊은 감성으로 입면을 디자인해 유니크한 느낌으로 완성했으며, 창문을 큼지막하게 설계해 실내가 항상 밝게 유지될 수 있도록 했습니다.

안정감 있는 박공지붕과 모임지붕으로 지붕 라인을 만들어 물이 고이지 않고 누수를 완전히 막을 수 있는 지붕 형태로 설계했습니다. 입면은 모던 스타일로 디자인했으며, 하자가 생길 수 있는 부분을 모두 없애 지내시는 동안 유지관리 걱정은 하지 않을 수 있게 했습니다.

1층은 30평형대의 정석과도 같은 배치입니다. 중앙에 현관을 둔 뒤 거실과 안방존을 분리해주고, 좁은 느낌을 없애기 위해 거실과 주방을 오픈해 시선의 개방감을 극대화했습니다. 보통의 배치구성이라고 해서 별로일 것으로 생각하시는 분이 계신데 이 공간 구성은 누구나 만족할 만한 공간배치의 정석이라고 생각하시면 되겠습니다. 간혹 일본의 협소 주택을 보시고 한국에 적용하려고 하시는 분들이 계신데, 장담하는데 무조건 불편합니다. 사진으로 봤을 때 좋을 뿐 우리는 한국식 아파트 공간 스케일에 이미 적응해 있기 때문에 잘못하다가는 애물단지 하나 만드는 꼴이 될 수 있습니다. 좋은 아이디어는 아이디어로만 끝나야지 너무 빠져서 기본을 망각하는 행동은 안 하시는 것이 좋습니다.

2층이 좀 색다르죠. 계단으로 올라와 바로 가족실이 있고 방을 1개만 놓되 침실과 서재 공간을 벽으로 구분해서 오픈된 공간이지만 각 공간이 영역성을 갖도록 설계했습니다.

이 집의 전체적인 느낌은 모던 스타일과 클래식 스타일의 중간에 있습니다. 예전에는 각 스타일이 명확한 것이 정답일 때가 있었는데 최근에는 한 스타일에 얽매이지 않고 서로의 장점을 혼합해 자기만의 색깔을 내는 것이 트렌드로 자리 잡았습니다.

항상 말하듯 완벽한 정답은 없습니다. 하지만 어떤 집이 좋은 집인지는 제가 말하지 않아도 여러분이 이미 알고 계실 것입니다. 무리하지 않는 선에서 따뜻하고 비 안 새는 집.

여러분의 집도 포근하며 행복함이 어우러지는 집으로 완성되길 바랍니다.

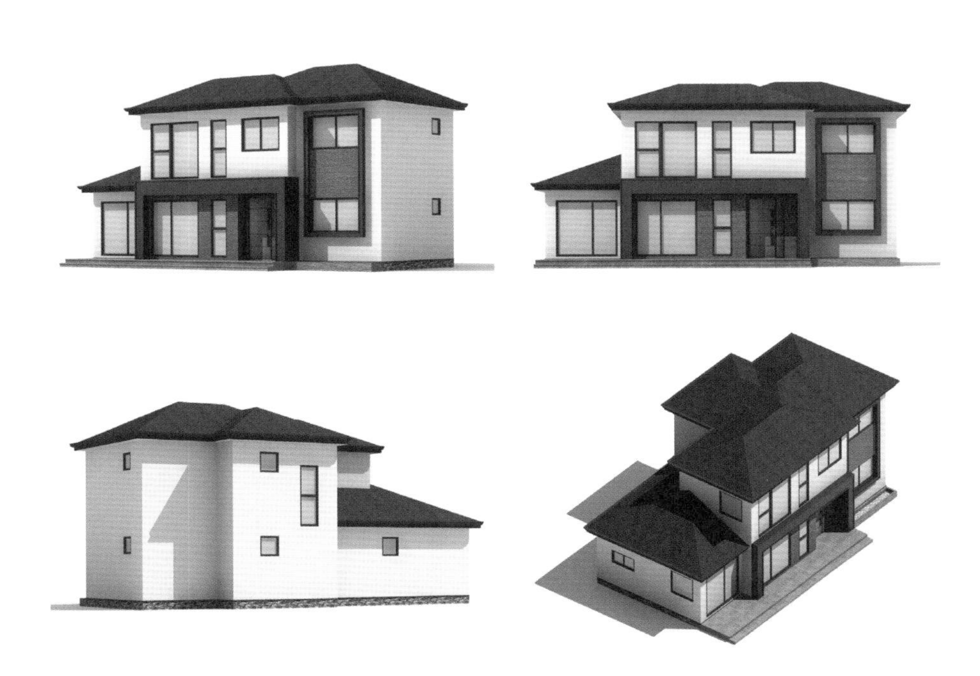

#모던스타일 #36평전원주택 #유니트한디자인 #랜드마크 #예쁜전원주택

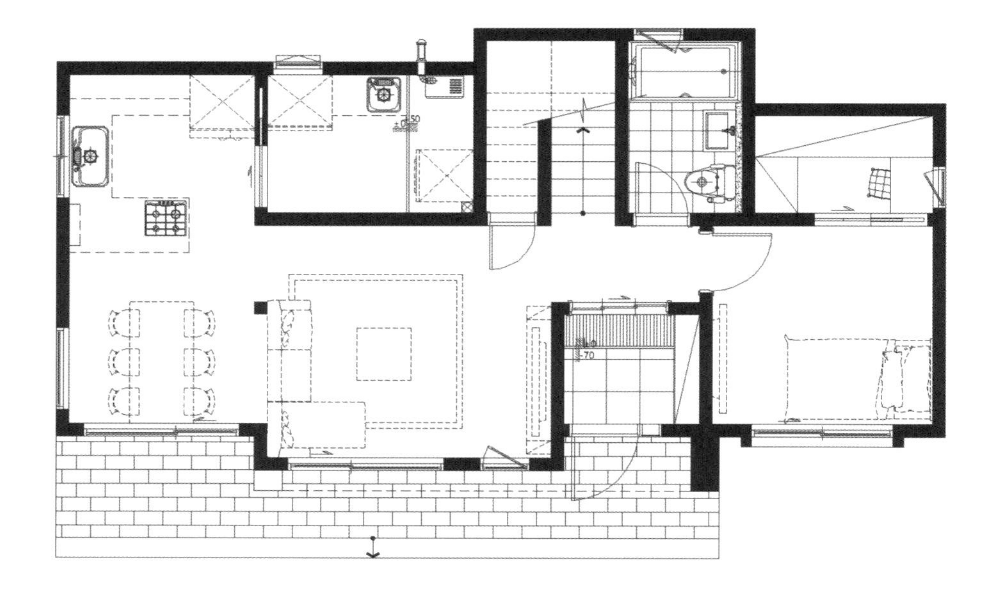

1F - 71.04 m^2

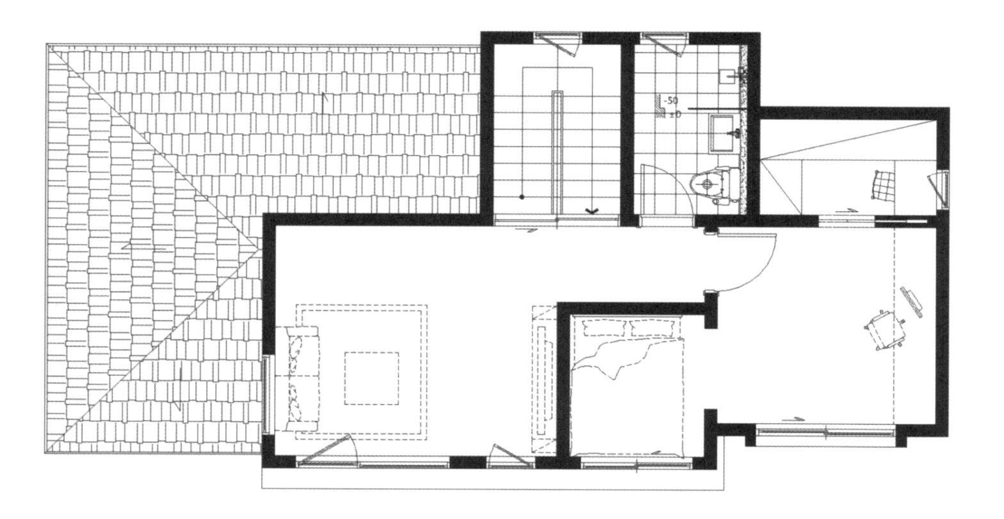

2F - 47.49 m^2

이동혁 건축가

30평형 주택은 2개의 화장실이 가장 적당합니다. 1개를 더 만들어도 되지만 그만큼 비용이 들어가고 공간을 배정해야 하는 문제가 생기므로 특별한 경우가 아니면 1층에 한 개, 2층에 한 개 총 두 개를 배치합니다. 보통 45평 이상부터 3개를 배치하며, 60평이 넘어갈 경우 4개 이상을 배치합니다. 이 기준을 생각해서 화장실 배치를 고려하면 어렵지 않게 화장실 개수를 정할 수 있을 것입니다.

정다운 건축가

창문은 입면 디자인에 생각보다 많은 영향을 미칩니다. 정면에서 창이 차지하는 비중은 외벽의 마감재보다 더 큽니다. 이 창을 어떻게 디자인하는지에 따라 입면의 이미지가 완전히 달라지며, 채광 및 실내에도 큰 영향을 주게 됩니다. 주방, 거실, 그리고 2층의 일부 공간에서 바닥 라인까지 내려오는 통창을 사용해보세요. 입면 이미지가 생각보다 크게 달라집니다.

임성재 건축가

회사마다 추구하는 품질의 기준이 모두 다릅니다. 사용하는 창호도 다르며, 골조 기준 및 단열기준도 모두 다릅니다. 예산 대비 품질 적용이 달라지며, 회사가 가진 가치관에 따라서도 완전히 다른 자재와 금액이 나오게 됩니다. 일반화해서 비교하는 것은 크게 의미가 없습니다. 그 회사가 어떤 기준으로 집을 짓는지 살펴봐야 하며, 왜 이런 자재를 사용했는지 알아보는 것이 좋습니다. 쉽게 설명해 현대자동차에도 중형차가 있고, 벤츠에도 중형차가 있습니다. 같은 중형차이니, 금액이 같길 바라는 것은 잘못된 비교입니다. 브랜드에 따라 분명 금액 차이와 품질 차이가 있습니다. 건설회사를 알아볼 때 가장 많이 하는 실수가 바로 이 부분입니다. 설계도조차 없이 평당 단가만을 물어보는 것. 죄송합니다만 그 금액은 아무 의미 없습니다. 가장 중요한 것은 여러분도 공부해야 한다는 것입니다. 알아서 잘해주는 것은 이 세상에 존재하지 않습니다.

3대가 사는 집

HOUSE **PLAN**

공법 : 경량목구조
건축면적 : 285.16 m²
1층 면적 : 150.85 m²
2층 면적 : 126.71 m²
다락 면적 : 7.60 m²

지붕마감재 : 아스팔트슁글
외벽마감재 : 스타코플렉스
포인트자재 : 리얼징크, 파벽돌, 세라믹사이딩
벽체마감재 : 실크벽지
바닥마감재 : 이건 강마루
창호재 : 이건 알루미늄 3중 시스템창호

예상 총 건축비 _
558,800,000 원

· 부가세 포함, 산재보험료 포함
· 설계비, 인허가비, 구조계산 설계비 별도

설계비 _
12,900,000 원 (부가세 포함)

인허가비 _
8,600,000 원 (부가세 포함)

구조계산 설계비 _
8,600,000 원 (부가세 포함)

인테리어 설계비 _
8,600,000 원 (부가세 포함)

건축비 외 부대비용 _
대지구입비, 가구 (싱크대, 신발장, 붙박이장)
기반시설 인입 (수도, 전기, 가스 등)
토목공사, 조경비 등

3대가 사는 집

단독주택. 두 가구가 살 수 있는 하나의 집.

현관 입구부터 동선을 분리해 세대별로 완벽한 프라이버시를 가질 수 있는 주택으로 설계했습니다. 다가구 주택이라고 하면 제일 먼저 떠오르는 이미지가 '빌라'일 것입니다. 획일적인 디자인과 저렴해 보이는 느낌.

이번 '3대가 같이 사는 집'은 도심형 단독주택 프로젝트로, 하나의 집처럼 보이도록 모던하며 세련되게 입면을 디자인해 모든 사람의 눈길을 사로잡을 수 있는 집으로 만들었으며, 각 세대가 불편함 없이 독립 활동을 할 수 있다는 점에서 캥거루 주택의 새로운 방향을 제시했다고 볼 수 있습니다.

처음부터 현관을 각각 두지 않고 하나의 홀을 통해 들어와 다시 각 집으로 가게 한 이유는 단독주택 필지의 법규에 있습니다. LH가 분양하는 단독주택 필지는 다가구를 지을 수 없는 경우가 많습니다. 다시 말해 현관을 두 개로 구분하게 되면 다가구나 다세대로 분류되니 아예 인허가가 나지 않는다는 뜻입니다. 이러면 한 가구인 단독주택만 허가가 나고 이번 사례처럼 부모 세대와 자녀 세대가 독자적으로 한 건물에서 살기 위해서는 부득이하게 일단 현관을 들어와서 다시 각 문을 통해 각자의 현관으로 들어가는 방식으로 설계해야 합니다.

편의성 때문이 아닌 법적인 부분 때문에 이번 사례처럼 공간을 구성했다는 점 인지해 주시기 바랍니다. 내 땅이니 내 마음대로 하고 싶지만, 건축법규가 최우선이기 때문에 법을 어기면서 건축을 진행할 수 없습니다. 만약 필지의 법규가 위와 같지 않다면 얼마든지 자유롭게 다가구로 구성 가능합니다.

단독주택의 디자인과 빌라의 디자인은 많은 차이가 있습니다. 빌라는 수익성 모델입니다. 디자인보다 내부 공간을 최대한 넓게 구성하는 것이 중요해서 법적 허용 범위의 끝 선까지 공간을 채웁니다. 팔아야 하는 주택이니 아까운 공간을 남길 필요가 없습니다.

단독주택은 어떨까요? 수익성 모델처럼 무조건 공간을 채우는 것이 우선일까요? 당연히 그렇지 않죠. 프라이버시 있는 우리 가족만을 위한 공간 구성 그리고 넓은 마당과 내 차를 안전하게 주차할 수 있는 주차장 설계까지. 또한 공간의 제약이 적기 때문에 독창적인 디자인이 가능하며, 창문도 각 공간에 맞게 배치할 수 있습니다.

단독주택을 설계할 때 가장 많이 빠지는 고정관념은 방은 무조건 1층에 있어야 한다는 것입니다. 물론 부모님 세대의 경우 무릎이 아프니 당연히 1층에 방을 구성해야 하지만 젊은 자녀 세대의 경우 좀 더 오픈된 공용공간을 가지는 것이 더 유리하므로 고집해서 1층에 방을 만들 이유는 없습니다.

좀 더 열린 생각으로 공간을 구성하는 것이 좋으며, 우리 가족에게 정말 필요한 공간들로 각 층을 구성하는 것이 좋습니다.

마지막으로 발코니에 관한 조언을 드리면, 발코니가 지붕으로 덮여있지만 외기에 접하는 부분이라 세월이 지나며 하자가 높게 발생하는 부분 중 하나입니다. 그래서 최근에는 처음에 비용이 들더라도 비가 오거나 추울 때 외부환경을 차단할 수 있는 폴딩도어 같은 제품을 추천해 드립니다. 예산이 허락한다면 되도록 발코니에도 유지관리에 유리한 폴딩도어를 설치하시기 바랍니다.

#캥거루주택 #다가구주택 #청라단독주택 #모던스타일 #3대가함께하는집

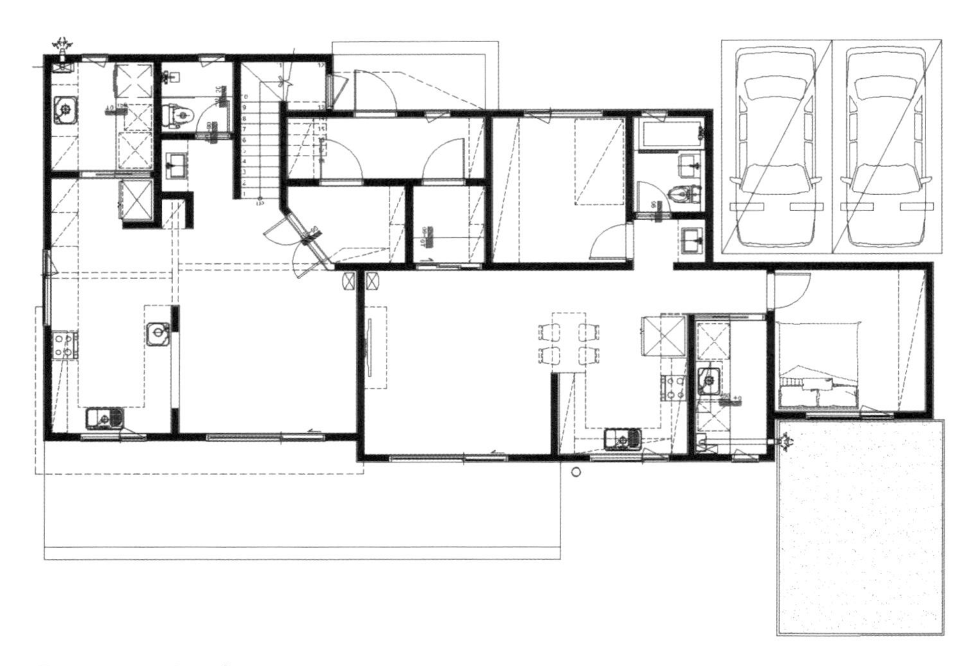

1F - 150.85 m²

2F - 126.71 m²

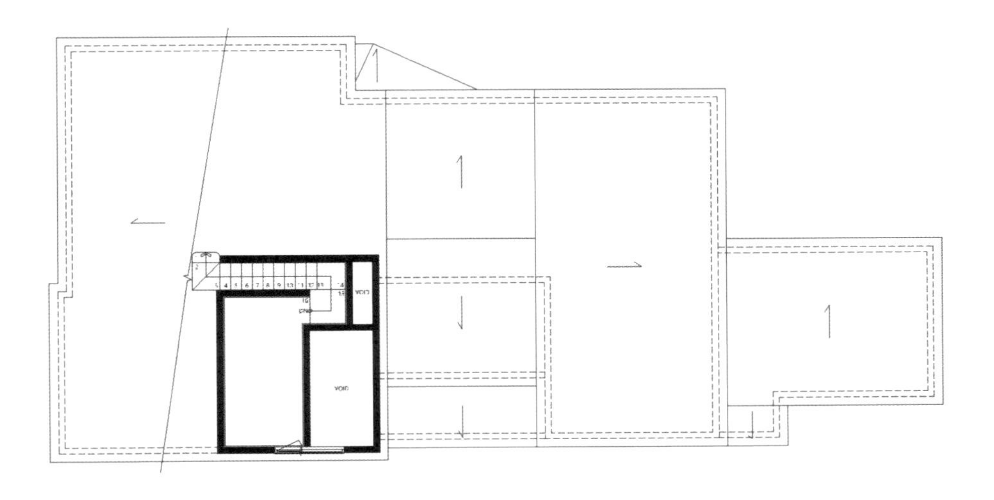

Attic - 7.60 m^2

■ 이동혁 건축가

디자인을 먼저 하고 평면을 그리는 것이 아니라 내부 공간을 먼저 구성한 후 디자인하는 것이 순서입니다. 디자인은 원하는 공간 설계가 끝난 후 옷을 입히는 단계이며, 디자인에 맞춰 설계하지 않습니다. 그 이유는 간단합니다. 생활은 디자인이 아닌 내부 공간과 동선에서 이뤄지거든요. 빌딩이나 작품 같은 건물을 원하는 경우에는 디자인부터 할 수도 있지만, 주거 건물은 절대로 그렇게 하지 않습니다. 꼭 기억하세요. 내가 살아갈 실내공간 구성이 우선이라는 것을요.

■ 정다운 건축가

창문을 전 창 이건알루미늄 3중 시스템 창호로 구성한 이후 단열과 내구성에 대한 불만은 거의 안 나오고 있어요. 이보다 더 좋은 창은 없다시피 하거든요. 벽체 단열과 창문 단열. 여기서 돈 줄일 생각 마시고 제일 좋은 것으로 하세요. 그래야 10년이 지나도 후회가 없습니다.

■ 임성재 건축가

캥거루 주택의 이미지도 많이 변하고 있습니다. 단순한 다가구가 아닌, 하나의 집이지만 내부에서 공간이 구분되는 형태. 그리고 꼭 두 집을 같은 형태로 지어야 하는 것도 아닙니다. 내 땅에 내 건물을 짓는 만큼 원하는 공간만큼만 설계하고 지으면 됩니다. 가족 구성원에 따라 얼마든지 내부 공간 설계가 가능하답니다. 마지막으로 팔 생각하고 집 짓지 마세요. 그냥 건축주님이 처음부터 원했던 이상적인 공간으로 설계하세요. 간혹 집 팔 생각으로 가족 구성원과 상관없이 설계하는 분이 계신데 분명히 후회합니다. 아셨죠! 단독주택은 아파트가 아님을 기억해야 합니다.

행복한 집을 그려내다

HOUSE **PLAN**

공법 : 경량목구조
건축면적 : 182.64 m^2
1층 면적 : 99.17 m^2
2층 면적 : 68.71 m^2
다락 면적 : 14.76 m^2

지붕마감재 : 아스팔트쉬글
외벽마감재 : 롱브릭타일
포인트자재 : 롱브릭타일, 스타코플렉스
벽체마감재 : 실크벽지
바닥마감재 : 이건 강마루
창호재 : 이건 알루미늄 3중 시스템창호

예상 총 건축비 _
355,000,000 원

· 부가세 포함, 산재보험료 포함
· 설계비, 인허가비, 구조계산 설계비 별도

설계비 _
8,250,000 원 (부가세 포함)

인허가비 _
5,500,000 원 (부가세 포함)

구조계산 설계비 _
5,500,000 원 (부가세 포함)

인테리어 설계비 _
5,500,000 원 (부가세 포함)

건축비 외 부대비용 _
대지구입비, 가구 (싱크대, 신발장, 붙박이장)
기반시설 인입 (수도, 전기, 가스 등)
토목공사, 조경비 등

행복한 집을 그려내다

시원하고 상쾌한 바람이 불어오는 날에 가족과 여유로운 하루를 보내는 것. 그런 공간에 있다는 것만으로 힐링이 되는 기분일 것입니다.

'누구나 꿈꾸는 마당 있는 집'
층간소음 걱정 없이 뛰어다니며 놀 수 있고, 언제든지 친구들을 불러 같이 숙제할 수 있는 평범하지만 소박한 행복이 넘쳐나는 집. 이번 주택은 행복을 담아내는 집으로 탄생했으며, 안정감 있는 디자인과 55평의 넓고 풍족한 크기로 실내를 구성해 처음 전원생활을 시작하는 건축주님 내외분께 꼭 맞춘 주택으로 만들었습니다.

55평이라는 중형 크기에서는 소형평수에서 보지 못한 공간들이 생깁니다. 일단 거실과 주방이 압도적인 크기로 자리 잡게 됩니다. 각 공간을 분리할 수도 있으며, 이번 설계처럼 하나의 대 공간으로 만들 수도 있습니다.

목조주택의 경우 보의 길이가 무한정 길어질 수 없습니다. 공학용 목재를 사용해 5m 이상 뻗어 나갈 수 있지만, 쳐짐 문제로 인해 대부분 최대 4.8m로 공간을 구성합니다. 세로 폭은 땅 크기마다 다르겠지만 일반적으로 12m~14m로 구성합니다. 평면으로 보면 잘 와 닿지 않을 수도 있지만, 현관을 열고 들어가서 느껴지는 공간감은 다른 어떤 집보다도 넓게 느껴질 것입니다. 또 하나 더한다면 아파트와는 다르게 앞마당이 있습니다. 거실에 통창을 설치해 주방, 거실 그리고 앞마당까지 이어지는 시선의 흐름은 압도적 개방감을 여러분께 선물할 것입니다.

많은 사람이 오해하는 것 중의 하나가 집을 지을 때 디자인을 먼저 하고 내부 구성을 하는 것으로 알고 있습니다. 물론 빌딩이나 특별한 의미를 부여하는 건물에는 간혹 디자인부터 하고 그다음에 내부 구성을 하는 경우도 있지만, 주택은 절대 그렇지 않습니다.

일단 내가 살아가는 실내 공간을 먼저 만들고 그다음 벽을 올리면 매스가 되고 그 매스에 옷을 입히면 외장재가 됩니다. 생각보다 간단한 원리인데 대부분 외부 디자인에 너무 치중한 나머지 정작 본인이 살 내부 공간을 대충 만드는 일이 생기기도 합니다.

목조주택은 지붕이 필수입니다. 첫 번째도 방수, 두 번째도 방수, 세 번째도 방수입니다. 제 글을 보고 요즘은 기술력이 발달해서 목조주택에 옥상을 만들어도 된다고 우기시는 분들이 계신데 반론하지 않겠습니다. 그것이 맞다고 생각하는 분은 그렇게 하셔도 괜찮지만, 제 집이라면 절대로 그렇게 안 지을 것입니다. 무조건 지붕을 덮을 것. 저희 홈트리오는 이 부분에 대해서 타협의 여지가 없습니다. 목조주택은 무조건 지붕을 덮습니다.

마지막으로 방에 관해 이야기를 하고 마무리하겠습니다. 방을 무조건 작게 해야 한다. '잠만 자니까' 이러한 생각으로 설계를 시작하는데요. 원하는 가구가 들어갈 정도의 공간은 남겨 놓으셔야죠. 무작정 줄인 후 다음에 가구가 안 들어간다고 한탄하면 안 됩니다. 일단 건축주님 집에 있는 침대나 책상, 수납장의 크기를 줄자로 재보세요. 그리고 그 가구를 다 넣고도 추가로 남는 공간을 조금 만들어야 합니다. 걸어 다녀야 하니까요. 방은 절대로 창고가 아닙니다. 사람이 거주하는 공간인 만큼 남의 말을 듣고 무조건 줄일 것이 아니라 건축주님이 사용하기 적당한 크기로 설계하시기 바라겠습니다.

#모노롱타일 #박공지붕 #이건창호 #알루미늄창호 #넓은집

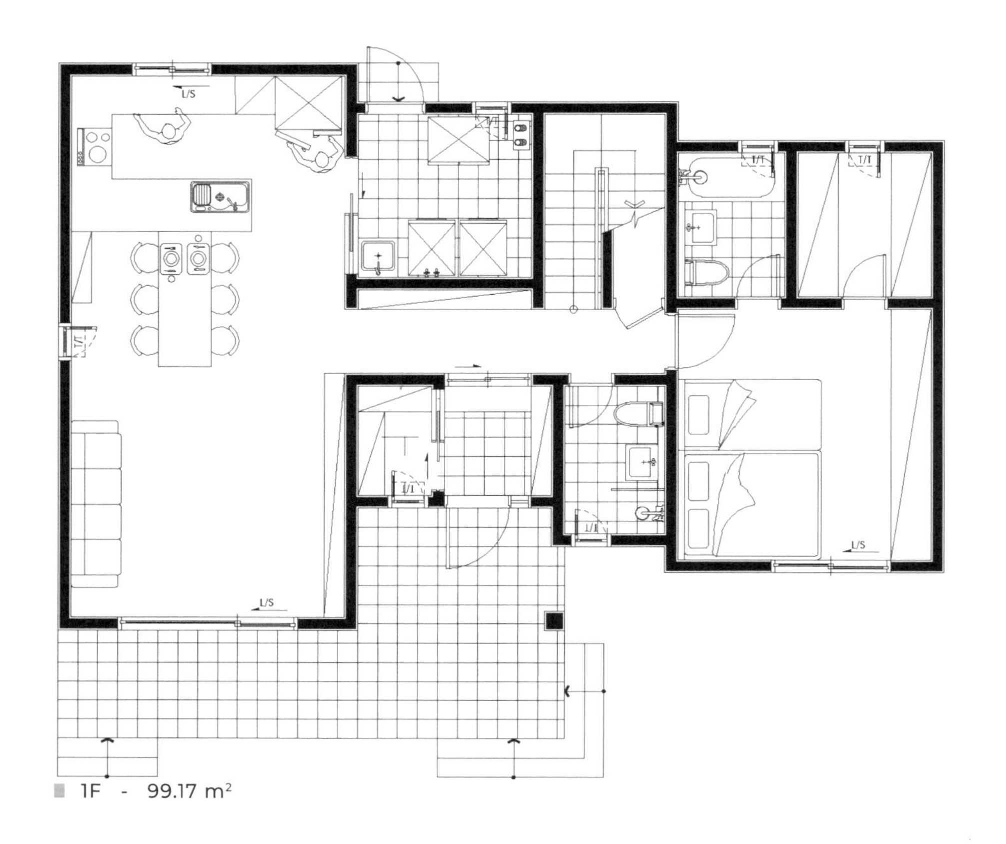

■ 1F - 99.17 m²

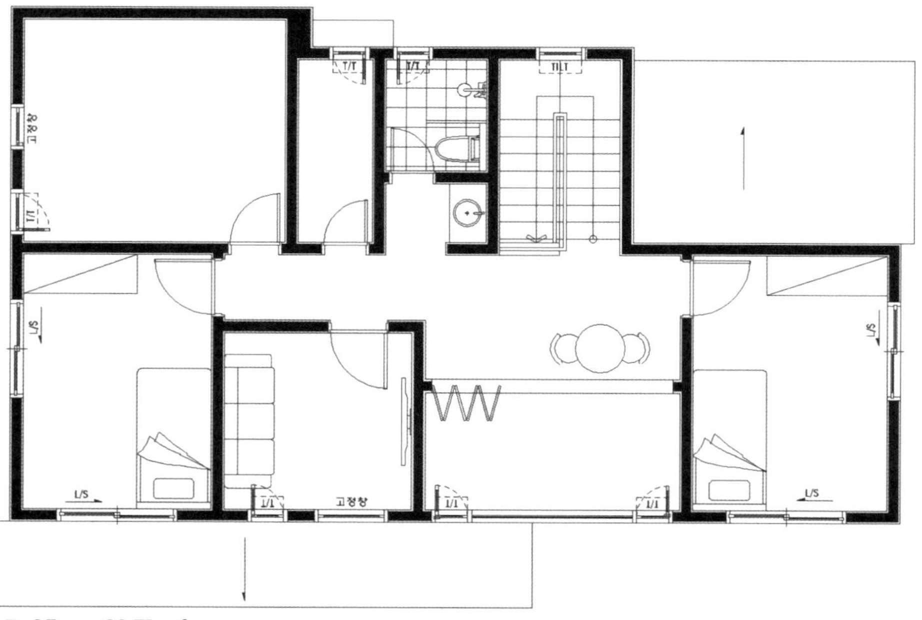

■ 2F - 68.71 m²

이동혁 건축가

목조주택을 설계할 때 가장 고려하는 것은 바로 '누수'입니다. 콘크리트보다 목조는 누수에 취약할 수밖에 없습니다. 그렇기 때문에 옥상 공간은 생각조차 못 하며, 어떻게든 지붕을 덮어 비 맞는 공간을 최소화하는 것이 중요합니다. 간혹 지붕 위에 옥상처럼 사용할 수 있는 공간을 만들면 어떤지 물어보시는 분들이 계신데, 결국 그 공간도 지붕과 그 아래에 있는 방수층을 뚫고 골조에 박혀야 하는 만큼 저는 추천하지 않습니다. 일단 저는 절대 그렇게 하지 않습니다. 맞다 틀렸다로 구분하기보다 저라면 그렇게 안 할 겁니다. 판단은 여러분에게 맡길게요.

정다운 건축가

이 집의 공용공간은 타 주택 설계안과 비교했을 때 많다고 할 수 있을 만큼 다양합니다. 거실과 주방은 물론이고 테라스와 가족실, 거기에 각자녀들 방을 제외하고도 남는 취미 공간까지. 머릿속으로만 그렸던 환상적인 공간을 모두 구현했다고 볼 수 있습니다. 너무 작게 지으려고 하지 마세요. 그러다가 정말 내가 원한 공간은 하나도 못 만들 수 있습니다.

임성재 건축가

긴 벽돌이라고 하죠. 정식 명칭은 모노롱 벽돌입니다. 조적식으로 쌓는 블록도 있고 붙이는 타일 종류도 있습니다. 시공한 후의 느낌은 거의 같다고 보면 됩니다. 이번 주택은 모노롱타일을 마감재로 선택해 타 주택과 조금 다른 느낌으로 집을 완성했습니다. 또한 중부 1 지역의 단열 값과 이건 알루미늄 3중 시스템 창호를 적용해 추위에 민감할 수 있는 자녀들을 따뜻하게 보호할 수 있도록 했습니다. 디자인과 내구성 그리고 단열까지 모두 잡은 집. 도심형 단독주택을 생각하시나요? 이 집을 꼭 눈여겨보세요.

Hidden Page 05

심플함에 젊음을 더하다

39평 인테리어 제안

12:30

12:30

Hidden Page 06

젊은 감성 트렌드를 입다

70평 인테리어 제안

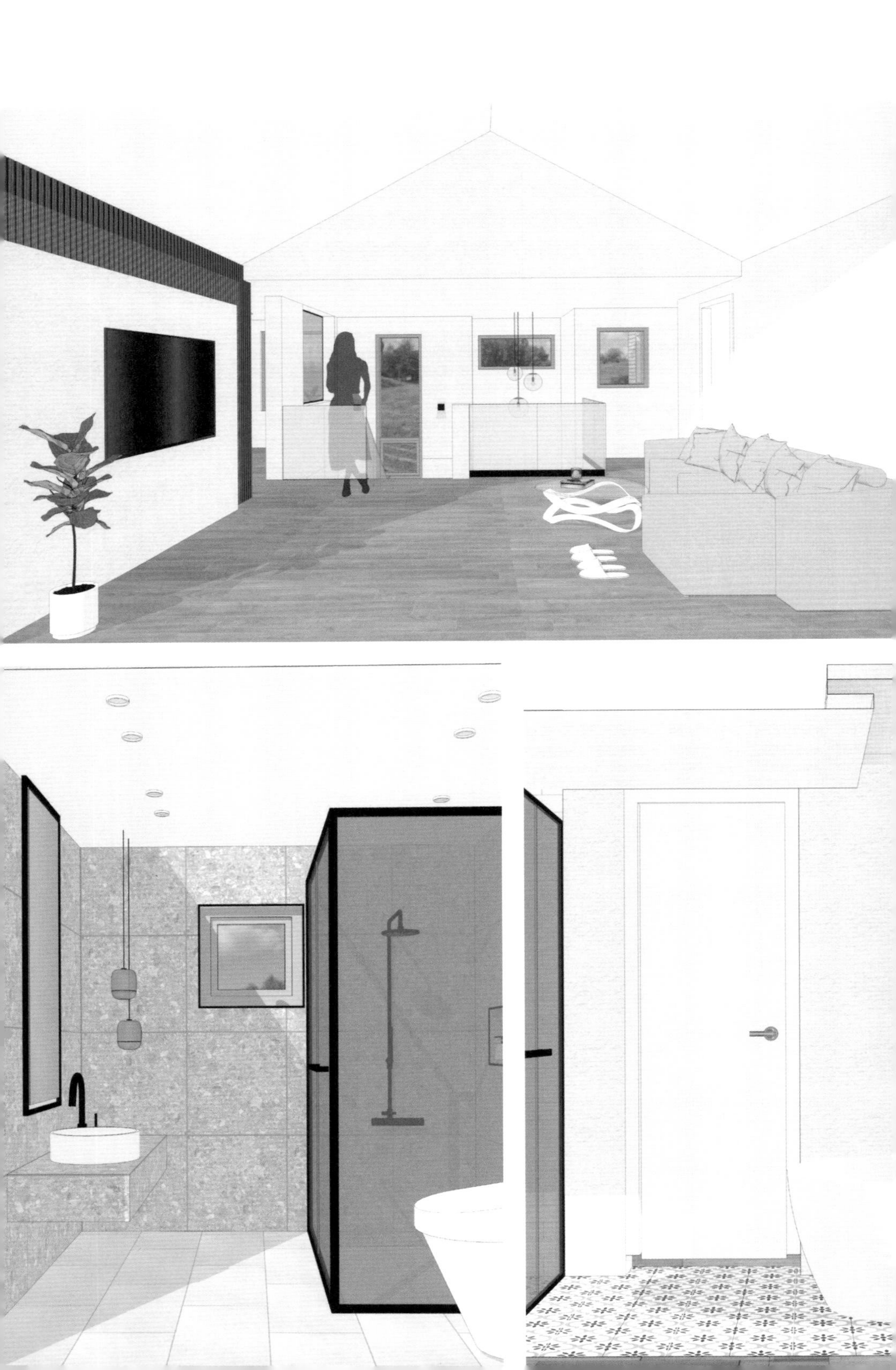

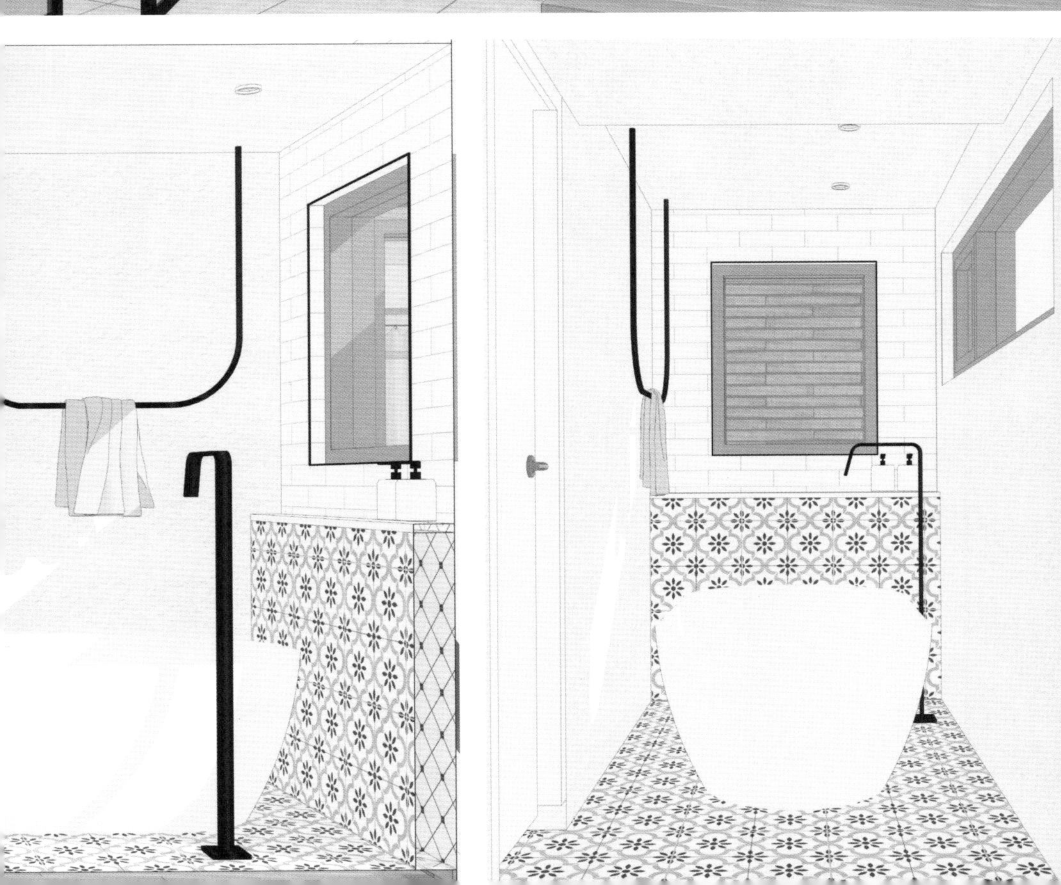

PART10

10월, 한로(寒露)

찬 이슬이 잔디에 내려앉을 때

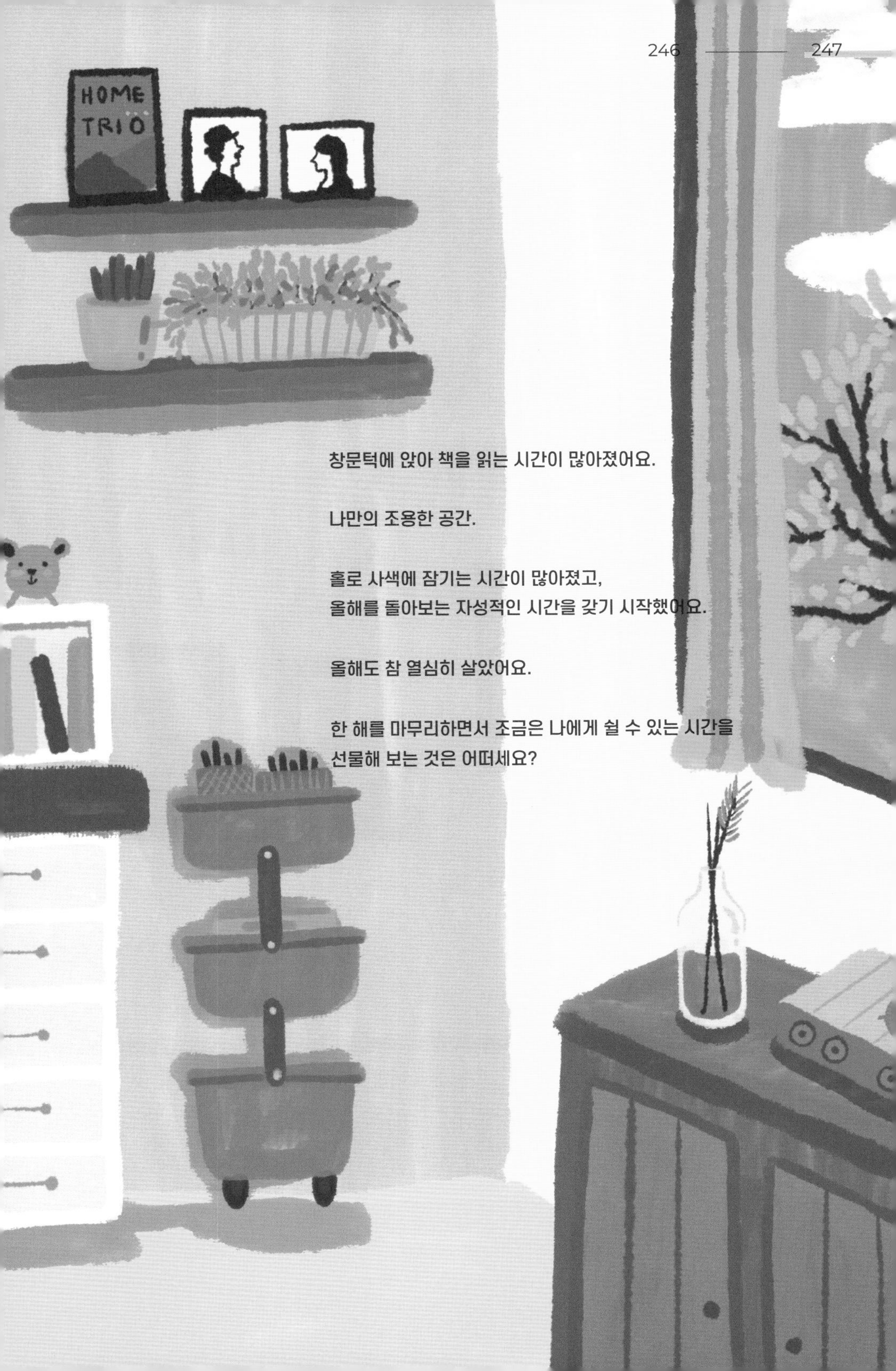

창문턱에 앉아 책을 읽는 시간이 많아졌어요.

나만의 조용한 공간.

홀로 사색에 잠기는 시간이 많아졌고,
올해를 돌아보는 자성적인 시간을 갖기 시작했어요.

올해도 참 열심히 살았어요.

한 해를 마무리하면서 조금은 나에게 쉴 수 있는 시간을
선물해 보는 것은 어떠세요?

프리미엄 단독주택 HT93

HOUSE **PLAN**

공법 : 철근콘크리트
건축면적 : 308.18 m^2
1층 면적 : 160.02 m^2
2층 면적 : 140.36 m^2
옥상 면적 : 7.80 m^2

지붕마감재 : 평지붕마감
외벽마감재 : 포세린 타일
포인트자재 : 리얼징크
벽체마감재 : 실크벽지, 도장마감, 타일, 파벽돌
바닥마감재 : 강마루
창호재 : 이건 알루미늄 3중 시스템창호

예상 총 건축비 _

817,500,000 원

· 부가세 포함, 산재보험료 포함
· 설계비, 인허가비, 구조계산 설계비 별도

설계비 _

18,600,000 원 (부가세 포함)

인허가비 _

9,300,000 원 (부가세 포함)

구조계산 설계비 _

9,300,000 원 (부가세 포함)

인테리어 설계비 _

9,300,000 원 (부가세 포함)

건축비 외 부대비용 _

대지구입비, 가구 (싱크대, 신발장, 붙박이장)
기반시설 인입 (수도, 전기, 가스 등)
토목공사, 조경비 등

프리미엄 단독주택 HT93

보고 있으면 기분이 좋아지는 집.
나만의 주차장과 우리 가족만의 마당을 가지는 꿈.
도심형 단독주택의 프리미엄 라인을 알리는 그 시작 HT93.

넓은 공간, 아름다운 외관.
93평이라는 넓은 면적의 매력적인 공간에 재미있는 평면 설계로 만든 이번 주택은 단순히 집으로서의 가치를 넘어 그 이상의 프리미엄 생활을 누릴 수 있는 건축물로 탄생했습니다. 프리미엄 단독주택으로 방향을 잡고 설계하면 일반적인 주택과 조금 다른 시작을 합니다. 가장 큰 방향은 공간 구성인데요. 무조건 작게 쪼개서 짓는 대신 공간별로 정확한 영역을 주려고 노력하며 확실한 개방감과 웅장함을 실내에서 느낄 수 있도록 설계합니다.

도심형 단독주택은 마당을 확보하는 것이 생각보다 어렵습니다. 커봐야 100평 내외의 서울이나 수도권 도심지의 택지는 두개의 필지를 합쳐 더 크게 짓기도 하지만, 땅값이 워낙 높아 대부분 100평 내외에서 움직인다고 보는 것이 맞습니다.

내 땅이라고 해서 모든 공간에 집을 지을 수 있는 것은 아닙니다. 법적 이격거리라고 해서 4면에 최소 50cm 이상의 이격거리가 있어야 하며 옆집 또는 도로 사선에 따라 더 이격하는 경우도 생깁니다. 이런 공간이 생각보다 크기 때문에 설계할 때 꼼꼼히 검토해서 내가 원하는 면적을 지을 수 있는지 알아봐야 합니다.

1층의 순 면적을 평수로 환산하면 48평 정도의 큰 면적입니다. 일반 주택에서 48평이라면 방도 많이 생기고 오밀조밀한 공간이 많이 생겨 생활에 충분하다고 생각할 수 있지만, 이 집에서 생활할 건축주의 라이프스타일에 따라 생각보다 좁게 느껴질 수도 있습니다.

평면을 구성하면서 일단 각 공간의 크기를 계산했습니다. 각 공간을 평균 이상의 크기로 잡아 그 공간에 들어갔을 때 넓고 쾌적하다는 느낌이 들도록 면적을 구성했습니다.

현관에 진입했을 때 가장 먼저 마주하는 거실은 5m 이상의 폭으로 만들고 계단실 공간까지 오픈해서 압도적인 개방감을 줬으며 주방 공간은 단차를 이용해 자연스럽게 공간을 구분했습니다. 넓은 평수이므로 각 공간을 하나로 묶는 것보다는 각 공간을 확실히 구분하는 것이 좋으며 동선의 얽힘을 방지해 주는 것이 좋습니다.

2층은 자녀들을 위한 공간과 취미 공간을 마련했습니다. 간단히 다과를 할 수 있도록 별도의 싱크대를 만들었고 1층 오픈 천장 옵션을 적용해서 2층에서 1층을 내려다 볼 수 있는, 주택만의 메리트가 있습니다. 2층의 각 방에 바람을 쐴 수 있는 발코니를 설치했고 발코니 지붕에 깊이를 더해서 비가 오더라도 창문을 열고 빗소리를 들을 수 있는 힐링 공간으로 설계했습니다.

모던함이 잘 표현되도록 웅장한 박스형 입면으로 디자인했고 아이보리 톤의 포세린 타일 외장재를 적용해 깔끔하면서도 고급스러운 느낌이 나게 했습니다.
여러 가지 외장재를 혼합해서 사용하면 오히려 조잡해 보일 수 있기 때문에 기본 외장과 가벽의 마감을 모두 통일했습니다.

도심형 단독주택에서는 옥상 활용이 필수입니다. 땅이 넓고 한적한 전원마을에 집을 지으면 누수의 위험 때문에 무조건 지붕을 덮으라고 하는데요. 도심형 단독주택은 이 이론이 조금 다르게 적용됩니다. 일단 목조주택은 옥상 활용이 불가능합니다. 이 부분은 정확히 아셔야 합니다. 옥상을 사용할 수 있는 공법은 철근콘크리트 공법입니다. 이번 주택처럼 RC 공법으로 진행해야 그나마 누수의 위험을 줄이면서 옥상을 활용할 수 있습니다.

옥상은 단순히 방수액만 바르고 끝나지 않습니다. 타일 및 데크 그리고 조경을 통해 또 하나의 외부 공간으로 활용이 가능하고 1층에서 누릴 수 없는 마당 공간을 옥상으로 대체해 주택만이 가진 특색을 누릴 수 있습니다.

마지막으로 주차장이 필요하다고 무조건 지하를 파는 것은 답이 아닙니다. 지하 토목공사의 경우 지상보다 더 큰 비용이 발생합니다. 흙막이 비용만 해도 만만치 않거든요. 가급적이면 이번 주택처럼 필로티로 주차를 해결하는 것이 비용면에서 유리하고 프라이버시가 중요한 분들은 가벽으로 프라이버시를 확보할 방법이 존재하니 좀 더 열린 마음으로 설계를 진행하시기 바랍니다.

#프리미엄단독주택 #프리미엄전원주택 #고급단독주택 #도심형단독주택 #김포단독주택

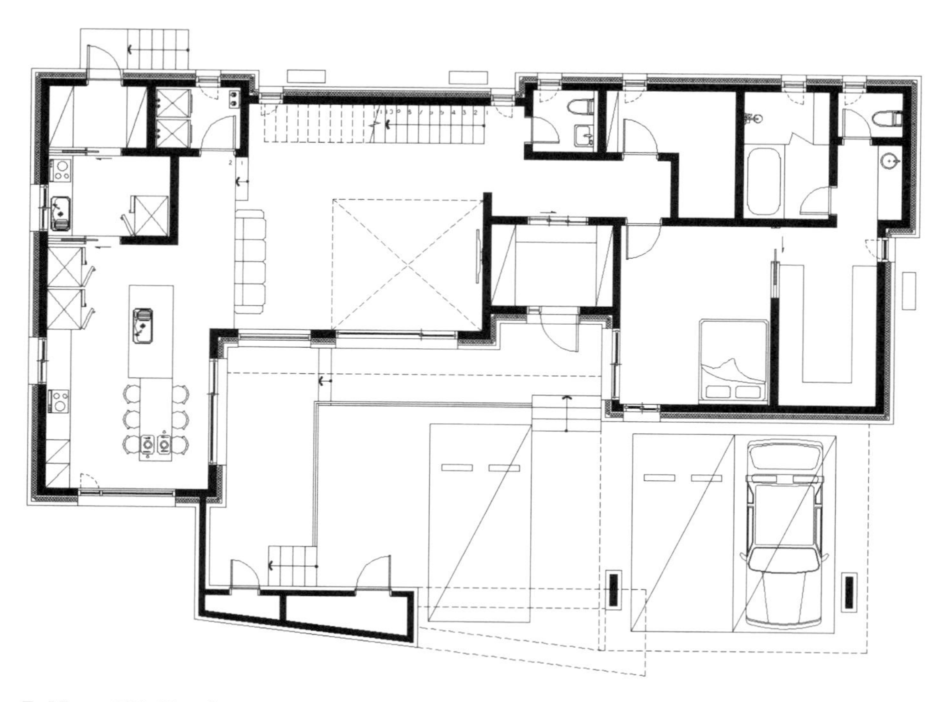

1F - 160.02 m^2

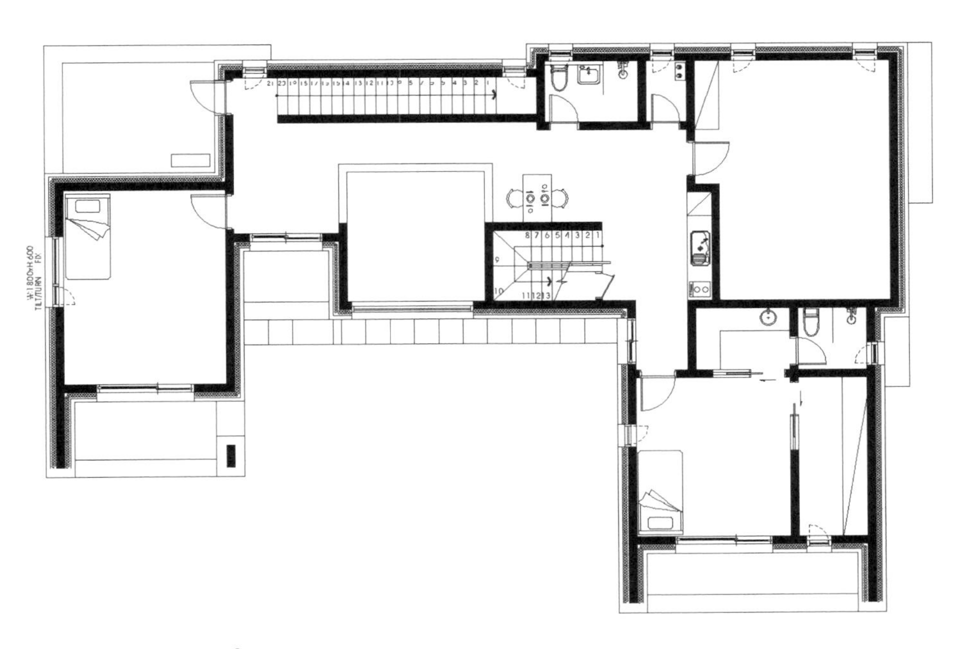

2F - 140.36 m²

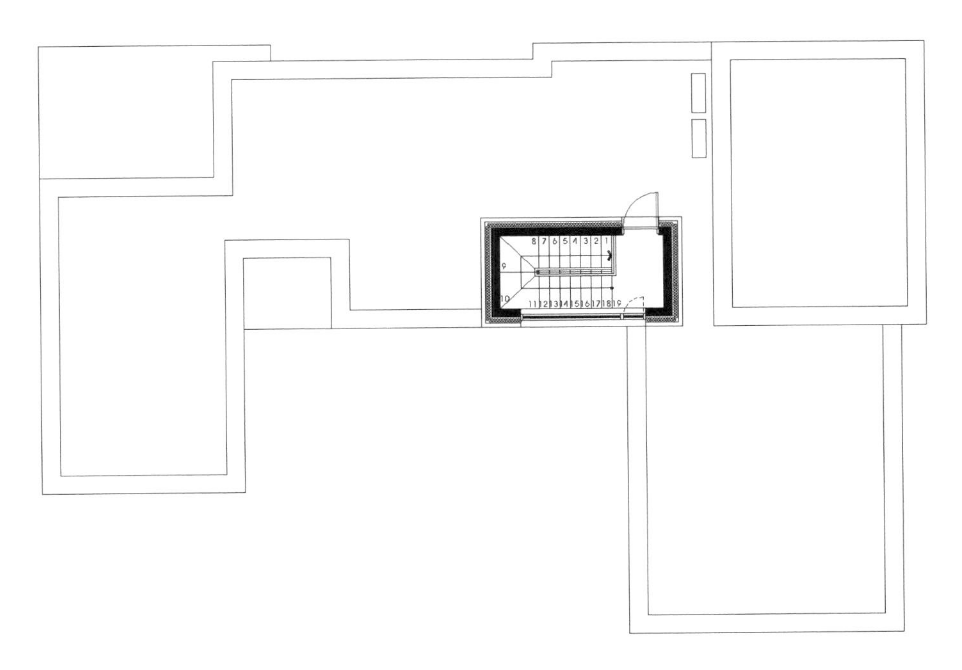

Roof - 7.80 m²

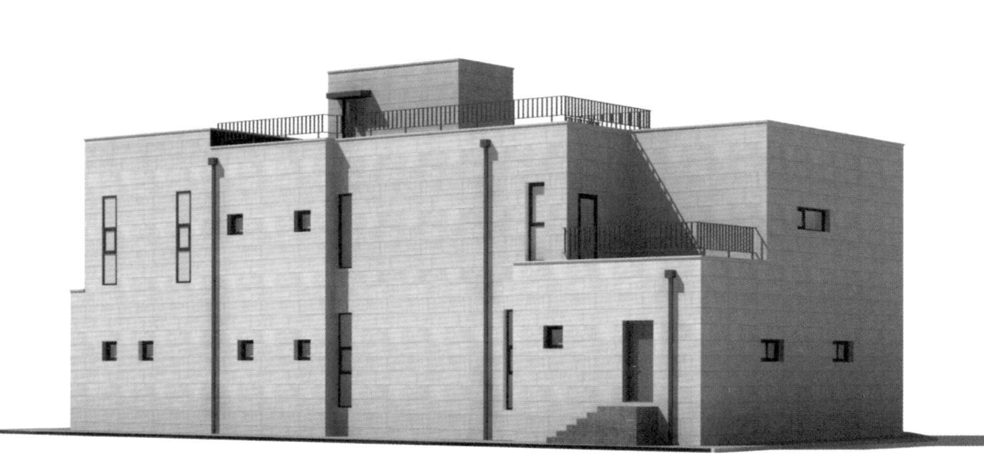

■ 이동혁 건축가

철근콘크리트 공법의 가장 큰 장점은 목조 공법 대비 넓은 공간을 확보할 수 있다는 것입니다. 목조 공법의 경우 나무 길이의 한계에 따라 5m를 넘을 수 없습니다. 하지만 철근콘크리트는 기둥 없이 10m 이상 뻗어 나갈 수 있어서 좀 더 자유롭게 공간을 구성할 수 있습니다. 주의해야 할 점은 공사비가 저렴하지 않습니다. 60평 미만의 소형 평수는 어차피 구성할 수 있는 공간의 폭이 정해져 있습니다. 제한된 면적에서 공간을 구성하기 때문에 공간을 넓게 구성하기 위해 철근콘크리트 공법을 선택할 이유는 없습니다. 이런 각 공법의 장단점을 잘 파악한 후 공법을 결정하시기 권하며 나와 우리 가족에게 맞는 공법을 선택해 예쁜 집 짓기를 바랍니다.

■ 정다운 건축가

벽돌의 투박함을 싫어하시는 분은 포세린 외장타일을 선택하는 경우가 많습니다. 특히 고급 주택단지에서 가장 많이 보이는 외장재가 포세린 외장타일입니다. 무게감과 깔끔함 그리고 고급스러움까지 있기 때문입니다. 이 외장재의 경우 소형평수에서는 비추천입니다. 타일의 판 자체가 크기 때문에 소형주택에 사용하면 창고처럼 보이는 말도 안 되는 상황이 벌어지거든요. 60평 이상의 중대형 평수부터 사용하기를 권하며 모던 스타일의 박스형으로 디자인해야 더 빛나 보인다는 팁을 드립니다.

■ 임성재 건축가

도심형 단독주택의 경우 옥상 활용은 거의 필수라 할 수 있습니다. 보통 앞마당을 주차장으로 사용하기 때문에 옥상을 마당처럼 사용해야 하는 경우가 대부분입니다. 단순히 방수액을 바르고 옥상을 마감하는 것이 아니라 데크 및 식생 등의 나무를 심어 또 다른 유니크한 공간으로 만드는 것이 좋습니다. 아마 아파트와는 다른 느낌의 공간이 옥상에 생길 것입니다.

포근한 북유럽 주택 NE50

HOUSE **PLAN**

공법 : 경량목구조
건축면적 : 165.94 m²
1층 면적 : 109.87 m²
2층 면적 : 56.07 m²

지붕마감재 : 스페니쉬 기와 (테릴기와)
외벽마감재 : 스타코플렉스
포인트자재 : 파벽돌
벽체마감재 : 실크벽지
바닥마감재 : 이건 강마루
창호재 : 이건 알루미늄 3중 시스템창호

예상 총 건축비 _
331,000,000 원

· 부가세 포함, 산재보험료 포함
· 설계비, 인허가비, 구조계산 설계비 별도

설계비 _
7,500,000 원 (부가세 포함)

인허가비 _
5,000,000 원 (부가세 포함)

구조계산 설계비 _
5,000,000 원 (부가세 포함)

인테리어 설계비 _
5,000,000 원 (부가세 포함)

건축비 외 부대비용 _
대지구입비, 가구 (싱크대, 신발장, 붙박이장)
기반시설 인입 (수도, 전기, 가스 등)
토목공사, 조경비 등

포근한 북유럽 주택 NE50

젊은 건축가여서 그런가요? 집을 의뢰하시는 건축주님의 연령대도 엄청 젊습니다. 강연할 때 오신 분들에게 이런 질문을 했어요.

"저희에게 전원주택을 의뢰하는 주 연령층이 몇 살인지 아세요?"

생각보다 많은 분이 50대 중반에서 60대 이상을 이야기하셨어요. 하지만 신기하게도 저희 회사의 1년 치 통계를 보면 고객분의 80% 이상이 30대 중반에서 40대 초반입니다. 은퇴한 후 조용히 힐링하면서 사시는 분들이 집을 짓는 것이 아니라 젊은 신혼부부들이 아이들과 함께 살 마당 있는 집을 의뢰하셨던 것이죠.

전원주택의 인식이 5년 전과는 완전히 다른 양상을 보입니다. 집을 짓는 것은 고생길이니 절대 하면 안된다는 인식에서 이제는 내가 원하는 집을 지어 아이들이 마음껏 뛰놀 수 있는 공간을 선물해 주겠다는 쪽으로 변하고 있습니다. 이런 변화 속에 집을 짓는 건축주님의 나이대도 계속 젊어지는 추세입니다.

월간 홈트리오를 기획하면서 저희 자신도 많은 공부가 됩니다. 아마 한국에서 주택 분야만 봤을 때 저희보다 많은 고민과 아이디어를 내는 사람은 없지 않을까 생각합니다. 종합건설회사를 보유하고 있다 보니 단순히 설계 기획에서 끝나는 것이 아니라 기획설계안을 현실로 만들어 내는 부분까지 하고 있거든요.

프로방스풍 그리고 북유럽 스타일 주택이라고 부르는 집의 특징은 크게 세 가지가 있습니다. 먼저 주황빛의 스페니쉬 기와. 국내에서는 생산이 안 되고 전량 수입입니다. 저렴하지는 않지만, 이 느낌을 내기 위해서는 이 기와를 사용해야만 합니다. 다양한 색상이 있으니 여러분의 취향에 맞게 결정하시면 됩니다.

두 번째는 화이트 및 아이보리 톤의 스타코플렉스입니다. 모든 벽에 돌을 붙이면 오히려 어색해 보입니다. 일부는 깔끔하게 비워주고 나머지 부분에 포인트 벽돌을 붙여야 비로소 조화가 이루어집니다. 항상 조화를 생각하세요.

마지막 세 번째는 파벽돌이에요. 파벽돌은 디자인과 색상이 굉장히 다양합니다. 원하는 질감도 고를 수 있어요. 가격도 저렴하기 때문에 내가 꼭 쌓아서 마감해야 하는 상황이 아니라면 파벽돌을 추천합니다. 결국 무언가를 하기 위해서는 다 돈이기 때문에 같은 느낌을 낼 수 있다면 저렴한 것으로 결정하세요.

전통 북유럽식 주택이냐?
그렇지 않아요. 전통 방식대로 지으면 추워서 못 살아요. 한국에 맞게 창호나 단열을 보강해야 합니다. 또한 주택이 숨을 쉴 수 있는 벤트도 만들어야 합니다.

마지막으로 평면 부분만 이야기하고 마무리하겠습니다. 공용공간 이야기는 이미 많이 했기 때문에 건너뛰고, 1층 데크 위에 지붕을 덮은 포치에 대해서 간략히 이야기 드려볼게요. 먼저 포치는 건폐율에 다 들어갑니다. 외부니까 안 들어갈 거로 생각하시는 분이 계신데 다 들어가니 참고해서 법규를 맞추시기 바랍니다.
이 포치 공간은 볼륨감이 많이 느껴지는 공간이며 특히 비가 올 때 그 매력이 더욱 빛납니다. 모던 스타일을 원하는 분은 처마를 없애고 포치 공간을 최소화해서 박스형으로 디자인하는데요. 그것이 틀렸다기보다는 실외에서의 전원생활도 충분히 가치가 있는데 많은 분이 이 부분을 놓치고 가는 것이 안타까울 뿐입니다.

비가 올 때 포치 아래 앉아 조용히 빗소리를 들으며 커피 한 잔 하는 여유를 갖는 것. 저는 솔직히 비를 보며 멍 때리는 게 너무 좋아요. 그래서 가능하다면 포치를 넉넉하게 만들라고 조언합니다. 건폐율이 꽉 차서 못하는 상황이라면 어쩔 수 없지만, 법규에 문제가 없다면 비용을 들여서라도 꼭 하시기를 권합니다. 생활해보시면 알 거예요. 포치가 얼마나 매력적인 공간인지를.

#프로방스 #북유럽스타일 #스페니쉬기와 #북유럽전원주택 #감성장인

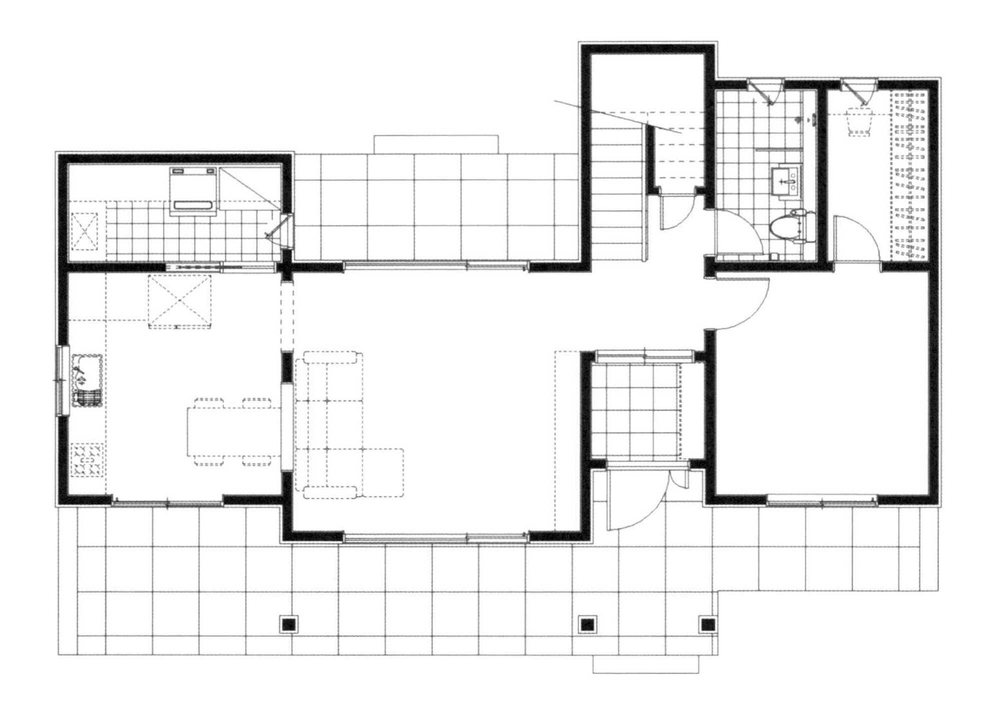

1F - 109.87 m²

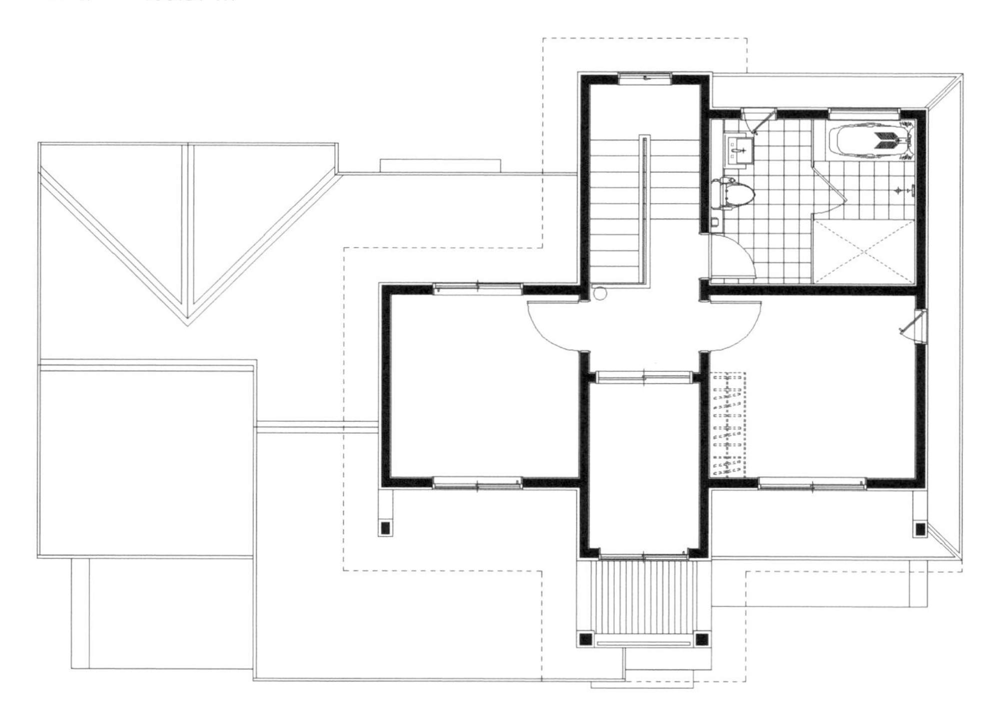

2F - 56.07 m²

■ 이동혁 건축가

1층 포치가 주는 주택 생활의 장점은 생각보다 큽니다. 건폐율과 예산만 충족된다면 가급적 전면부에 지붕형 데크 공간인 포치를 만드는 것이 좋습니다. 비가와도 창문을 열어 놓을 수 있으며 빗소리를 들으며 차 한 잔의 여유를 즐길 수 있는 공간이기 때문이지요. 이것 말고도 볼륨감과 운치를 더해준다는 장점은 제가 따로 말하지 않아도 여러분은 이미 알고 계실 거예요.

■ 정다운 건축가

북유럽 스타일의 특징은 3가지로 압축할 수 있는데 첫 번째는 주황빛의 스페니쉬 기와, 두 번째는 포근한 느낌의 하얀색 스타코플렉스 그리고 마지막 세 번째는 안정감과 무게감을 잡아주는 파벽돌. 이국적인 느낌의 전원주택. 솔직히 이 세 가지가 조합되는 순간 감성적인 부분에서는 게임 끝입니다.

■ 임성재 건축가

아파트와 전원주택 평면의 가장 큰 차이는 '향'에 있습니다. 많은 분이 평면이 비슷하지 않냐고 하시는데 절대 그렇지 않습니다. 30평대 소형 평수만 비교해도 완전히 다릅니다. 전원주택은 내 땅에 내가 원하는 배치로 앉힐 수 있어서 특별한 이유가 아니면 모든 실이 남쪽을 향합니다. 또한 2층으로 올릴 경우에도 남쪽과 동쪽의 햇볕을 받을 수 있게 계획하며 북쪽을 보는 경우는 거의 없습니다. 방은 남쪽으로 그리고 계단실 및 화장실 등은 북쪽으로 배치하는 것이 정석입니다.

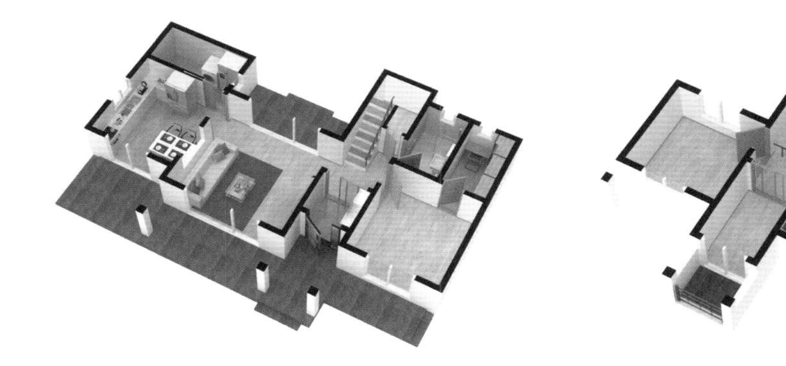

부모님을 위한 선물 : 김천의 별

HOUSE **PLAN**

공법 : 경량목구조
건축면적 : 116.34 m^2
1층 면적 : 74.44 m^2
2층 면적 : 41.90 m^2

지붕마감재 : 아스팔트슁글
외벽마감재 : 스타코플렉스
포인트자재 : 파벽돌, 합성목재
벽체마감재 : 실크벽지
바닥마감재 : 이건 강마루
창호재 : 이건 알루미늄 3중 시스템창호

예상 총 건축비 _
228,500,000 원

· 부가세 포함, 산재보험료 포함
· 설계비, 인허가비, 구조계산 설계비 별도

설계비 _
5,250,000 원 (부가세 포함)

인허가비 _
3,500,000 원 (부가세 포함)

구조계산 설계비 _
3,500,000 원 (부가세 포함)

인테리어 설계비 _
3,500,000 원 (부가세 포함)

건축비 외 부대비용 _
대지구입비, 가구 (싱크대, 신발장, 붙박이장)
기반시설 인입 (수도, 전기, 가스 등)
토목공사, 조경비 등

부모님을 위한 선물 : 김천의 별

오래된 고향 집을 허물고 여름에는 시원하고 겨울에는 따뜻한 집을 지어드리기로 했습니다.

온 가족이 명절마다 모여 웃음꽃을 피울 수 있는 포근한 집.

35평의 국민 전원주택 규모로 설계한 이번 사례는 좁은 대지에 2층 집을 지을 수 있는 모범 사례입니다. 깔끔한 디자인과 가성비 높은 건축비용은 부모님 집을 지어드리기 위해 준비 중이신 모든 분의 마음을 사로잡을 것이라 생각합니다.

이번 주택의 평면과 디자인을 보면 콤팩트한 느낌을 받을 수 있습니다. 큰 대지에 넓은 면적으로 집을 지은 것이 아니라 도심 60평 미만의 토지에 꽉 차게 들어 앉힌 주택 설계라는 뜻입니다.

물론 넓은 대지에는 얼마든지 원하는 위치에 앉힐 수 있습니다. 하지만 도심형 단독주택 대지의 경우 건폐율과 용적률이 높지만, 땅값도 높은 관계로 무작정 넓은 땅을 구해서 집을 지을 수는 없습니다. 그런 대지에 맞는 설계를 이번 월간홈트리오 모델로 선보이고자 했으며 깔끔한 디자인과 가성비 높은 건축비로 전원생활을 시작할 수 있는 집으로 설계했습니다.

지붕의 모양은 집 전체의 분위기를 결정합니다. 많은 분이 외장재와 배치만 신경쓰느라 정작 가장 중요한 지붕 디자인을 간과하고 넘어가는데 모던 스타일이든 클래식 스타일이든 지붕의 형태와 지붕의 마감재에 따라 그 느낌이 결정된다는 것을 아셔야합니다.

이번 주택을 디자인할 때 배치에 따른 입체감이 지붕에서 더 부각되도록 디자인했는데요. 박공지붕을 기반으로 하되 꺾어지는 부위마다 박공지붕의 각도를 90도 이상 틀어 4면 어디에서 보든 안정감 있으면서 유니크한 느낌이 들도록 했습니다.

전체 느낌은 모던과 클래식의 중간으로 잡았고 어느 연령층이든 모두 만족할 집으로 디자인했습니다.

'ㄱ'자형 배치의 가장 큰 단점은 동선입니다. 우리의 주거는 보통 현관에 들어와 거실을 지나 각 공간으로 이동하는 패턴을 가집니다. 특별한 이유라기보다는 그렇게 공간을 구성해야 복도라는 이동 공간을 최소화할 수 있기 때문입니다. 넓은 평수대는 복도 공간이 또 다른 신선한 공간이 될 수 있지만 60평 미만의 소형주택에서는 자칫 데드 스페이스가 될 수 있기 때문에 설계 시 주의해야 합니다.

이번 주택은 'ㄱ'자형으로 배치했지만 최소한의 복도를 통해 각 공간으로 이동하도록 실을 배치했으며 거실과 주방을 하나의 원 스페이스로 구성하여 현관에 진입했을 때 평수 대비 넓은 개방감을 가질 수 있게 했습니다.

35평의 면적에서 가져갈 수 있는 요소는 모두 가져간 주택인데요. 방 3개와 화장실 2개 그리고 답답하지 않은 거실과 주방. 솔직히 이 집의 가장 큰 매력은 좁은 땅에도 만들어 낼 수 있는 작은 앞마당이라고 할 수 있을 것입니다.

건축비를 결정하는 가장 큰 요소는 외장재와 지붕재입니다. 매우 간단한 이치이지만 생각보다 욕심을 포기하기는 어려운 법이지요. 옷이 더러워지는 것을 두려워해 검은색 옷만 입는다면 어떨 것 같으세요? 물론 더 좋은 그리고 비싼 외장재를 사용할수록 관리와 오염에 관한 위험을 줄일 수 있겠지만 건축예산이 계속 올라갈 수 있으므로 내가 가진 예산 안에서 최대한의 효과를 누릴 수 있는 그러한 마감재를 선정해서 여러분이 원하는 집을 완성하시기 바라겠습니다.

#김천전원주택 #부모님선물 #따뜻한집 #예쁜전원주택 #엄마를위한선물

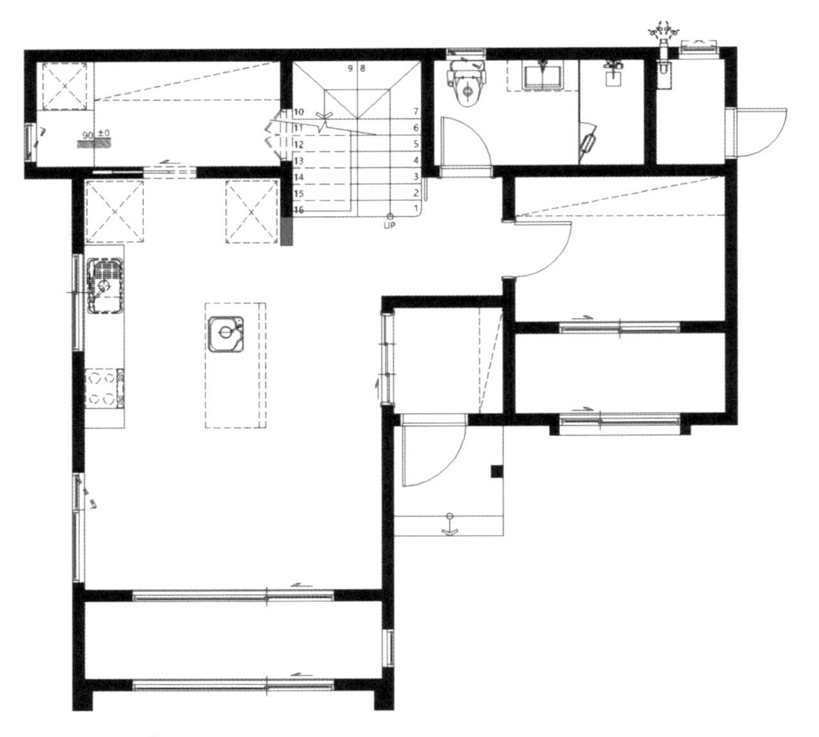

■ 1F - 74.44 m²

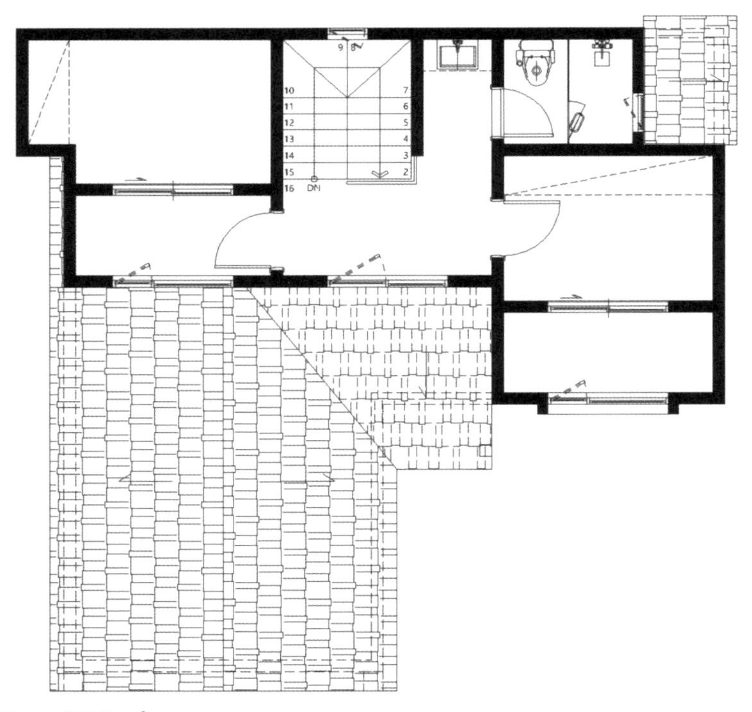

■ 2F - 41.90 m²

■ 이동혁 건축가

창호와 단열은 최고로, 외장재 및 인테리어는 가볍게. 이 조건만 기억하고 집을 지으면 충분히 가성비 높은 집을 지을 수 있습니다. 가장 큰 추가비는 외장재인데요. 벽돌 및 세라믹 사이딩 등 고가의 자재 대신 스타코플렉스로 깔끔하게 마감하면 여러분이 잡은 예산 범위에서 충분히 집을 완공할 수 있을 것입니다.

■ 정다운 건축가

박람회나 집 짓고 있는 현장에서 공사하고 있는 분에게 평당 단가를 물어보면 알고 있는 금액보다 현저히 낮을 거에요. 항상 말하듯 평당 단가는 의미가 없어요. 어떤 자재로 어떻게 디자인할지가 정해져야 최종 금액을 논할 수 있습니다. 시작 금액은 의미가 없습니다. 정말 내가 원하는 집을 다 그린 후 나오는 그 견적이 최종 견적이고 완공 금액이라 이야기할 수 있습니다.

■ 임성재 건축가

도심 내 땅은 생각보다 평수가 작습니다. 60평 미만의 땅이 대부분일 것이며, 일반적으로 50평 미만의 땅이 대부분입니다. 좁은 대지에서 최대한의 효율을 낼 수 있는 공간배치를 이번 주택에 적용했으며 작지만, 앞마당도 있는 배치로 설계했습니다. 'ㄱ'자형 배치를 할 때는 많이 고민해야 합니다. 잘못 구성하면 이동 통로인 복도에 많은 공간을 빼앗길 수도 있거든요. 데드 스페이스를 최소화한 동선을 계획해야 하며 땅에서도 낭비되는 공간 없이 최대한의 마당을 확보할 수 있게 설계해야 합니다.

PART11

#11월, 입동(立冬)

겨울이 시작됐어요

벽난로를 드디어 가동합니다.

전원생활에서의 또 다른 매력 벽난로.

오늘은 첫 가동 기념으로 고구마를 구워볼 생각입니다.

고구마가 구워지길 기다리는 두 아이와 강아지가
이미 군침을 흘리고 있네요.

5인 가족 행복하우스

HOUSE **PLAN**

공법 : 경량목구조
건축면적 : 204.67 m²
1층 면적 : 117.82 m²
2층 면적 : 86.85 m²

지붕마감재 : 아스팔트쉉글
외벽마감재 : 스타코플렉스
포인트자재 : 파벽돌, 세라믹사이딩
벽체마감재 : 실크벽지
바닥마감재 : 이건 강마루
창호재 : 이건 알루미늄 3중 시스템창호

예상 총 건축비 _
396,600,000 원

· 부가세 포함, 산재보험료 포함
· 설계비, 인허가비, 구조계산 설계비 별도

설계비 _
9,300,000 원 (부가세 포함)

인허가비 _
6,200,000 원 (부가세 포함)

구조계산 설계비 _
6,200,000 원 (부가세 포함)

인테리어 설계비 _
6,200,000 원 (부가세 포함)

건축비 외 부대비용 _
대지구입비, 가구 (싱크대, 신발장, 붙박이장)
기반시설 인입 (수도, 전기, 가스 등)
토목공사, 조경비 등

5인 가족 행복하우스

5인 가족이 행복하게 사는, 보는 것 만으로도 뿌듯해지는 그런 집을 지었습니다.

화이트톤 외장 베이스 마감으로 4면 어딜 봐도 환한 느낌이 들도록 설계했으며, 경량 목구조 공법으로 단열과 친환경성을 가져갈 수 있게 했습니다. 아이들과 함께 거주할 집인 만큼 벽지와 마루도 친환경 자재를 사용해 마감했습니다.

이 집에서 가장 중요하게 생각한 부분은 단열입니다. 가등급 단열재를 사용하여 추위에 끄떡없도록 계획했고 모든 창을 이건창호의 3중 알루미늄 시스템창호로 설계해서 벽과 창호의 열 손실을 최대한 막았습니다. 온 가족이 따뜻하고 포근하게 살 집. 보고만 있어도 흐뭇해지는 집. 그런 집이라고 소개해 드리고 싶습니다.

전체적인 디자인은 균형감이 느껴지도록 방향을 잡았습니다. 특별한 것은 아니지만 너무 요란하거나 화려하지 않고, 안정감 있으며 깔끔하고 무던하면서 수수한 멋이 느껴지게 디자인하고 싶었습니다.

목조주택이기 때문에 옥상 사용은 불가능합니다. 이번 주택처럼 모든 면에 경사가 있는 박공지붕으로 디자인해야 누수의 위험을 줄일 수 있습니다. 여러 면으로 쪼개는 지붕 디자인도 괜찮지만, 규모가 있고 안정감 있는 디자인을 선호하는 분은 이번 주택처럼 지붕의 각도만 틀어 양쪽의 균형을 잡아주는 지붕 디자인을 계획하는 것이 좋습니다.

박공지붕을 디자인한다고 생각하면 클래식한 옛날 집을 생각하시는 분이 많은데 절대 그렇지 않습니다. 지붕의 면을 잘 계획하면 아주 멋스럽고 세련된 주택으로 디자인할 수 있습니다.

마지막으로 옥상을 꼭 하셔야겠다는 분들이 계신데, 저는 확실히 말씀드릴 수 있습니다. 옥상을 사용하기 위해서는 철근콘크리트 공법으로 지어야 합니다. 목조에도 된다고 말씀하시는 분들이 계신데 분명히 누수가 발생합니다. 애초에 설계에서 누수에 대한 위험을 방지하는 것이 제일 좋은 방법입니다. 어설프게 무언가를 덮는다던가 그래도 비가 안 새겠지 하는 근거 없는 믿음으로 어리석은 선택을 하는 일은 없기를 바랍니다.

목조주택은 무조건 지붕을 덮어서 누수 위험을 최소로 해야 한다는 것. 지금은 크게 공감되지 않는 말일 수도 있지만, 비 한번 새면 돌이키기 힘들다는 점을 꼭 명심하시고 집을 설계하고 디자인하시길 바랍니다.

아마 이렇게 여러 번 이야기해도 목조주택에 옥상 만드시는 분이 꼭 계세요. 그리고 나중에 건설업체를 탓하는데, 누수가 생길 게 뻔하기 때문에 혹시 목조주택에 옥상을 만든다는 분이 주변에 계시면 꼭 말려주시기 바라겠습니다.

#5인가족 #2층목조주택 #모던스타일 #깔끔 #깨끗한느낌

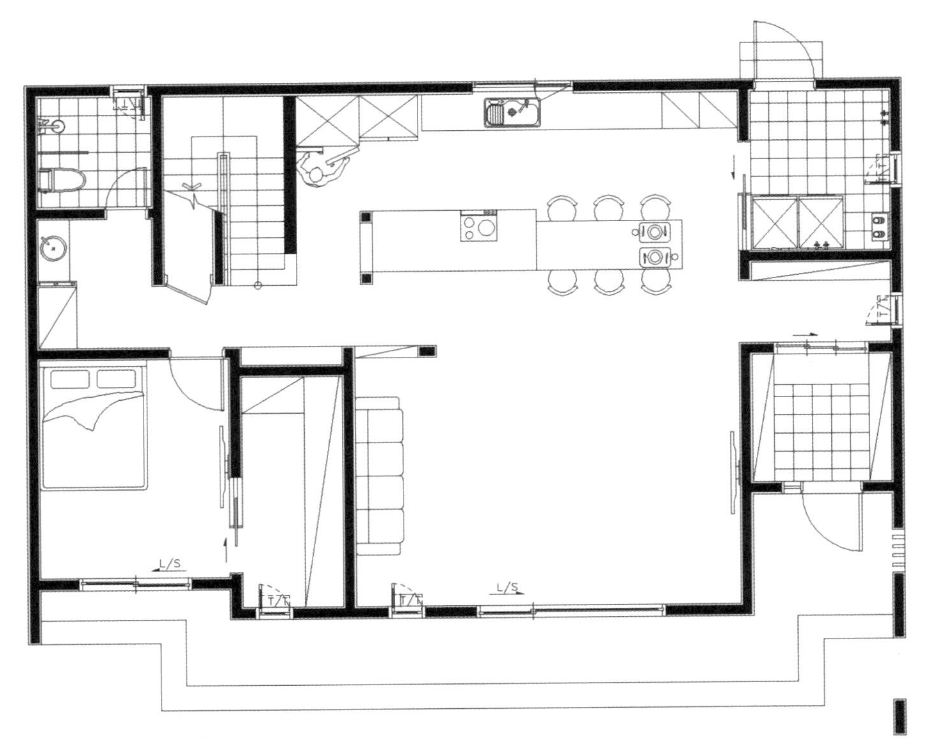

1F - 117.82 m^2

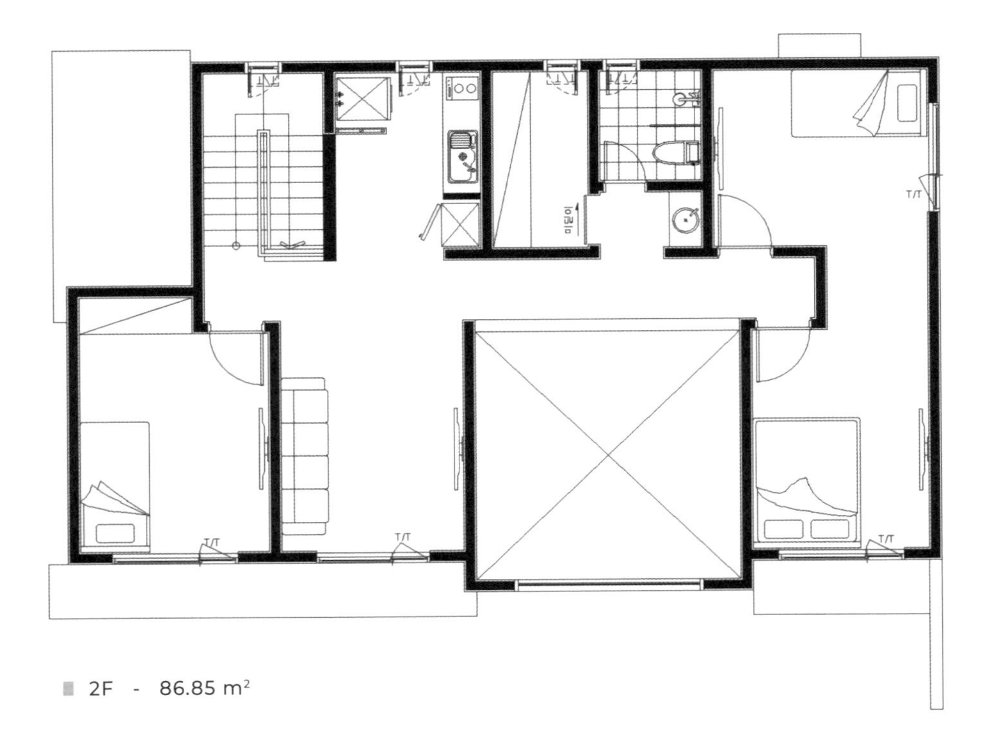

2F - 86.85 m^2

■ 이동혁 건축가

전체 외관을 디자인할 때 중요하게 생각한 부분이 2가지 있었습니다. 첫 번째는 외장재의 추가 비용을 최소화할 것. 그리고 깨끗한 느낌의 밝은 기운으로 마감할 것. 이 두 조건으로 인해 화이트톤 스타코플렉스 베이스에 약간의 포인트만 넣었습니다. 두 번째는 웅장한 매스 감을 느낄 수 있을 것. 남향의 전면부를 모두 채우는 설계를 했습니다. 자연스럽게 집이 커 보이는 효과를 얻을 수 있었으며 모든 창을 남쪽으로 내어 햇빛 가림 없이 모든 실이 균등한 빛을 받을 수 있게 했습니다. 스타코플렉스의 오염이 많이 걱정되실 텐데 이번 주택처럼 처마만 확실하게 계획해 준다면 오염은 생각보다 적을 것입니다.

■ 정다운 건축가

1층에 넓은 주방과 거실을 하나의 원 스페이스로 구성하는 것이 이 집 1층 평면의 핵심입니다. 어설프게 공간을 쪼개지 않고 우측의 현관에 들어왔을 때 탁 트인 넓은 개방감을 느끼게 하고 싶었습니다. 아이를 키우는 집인 만큼 마음껏 뛰놀 수 있는 공간을 확보해 주려고 노력했으며, 계단실과 안방 프라이빗 존을 모두. 좌측에 몰아 거실과 주방에서만큼은 확실하게 뛰어놀 수 있게 설계했습니다.

■ 임성재 건축가

2층의 평면이 타 주택과는 많이 다릅니다. 별도의 가족실과 탕비실이 있으며 굳이 1층에 내려오지 않고도 2층에서 독립적인 생활을 할 수 있도록 설계했습니다. 방은 총 3개로 1개는 독립적으로, 2개 방은 가변성을 가지게 설계했습니다. 가구로 방을 구분할 수도 있으며, 가벽을 세워 각각 사용하다가 자녀들이 출가한 후에는 가벽을 철거해 하나의 넓은 공간으로 사용할 수 있도록 설계했습니다.

홈트리오 프리미엄 RC-HT70

HOUSE **PLAN**

공법 : 철근콘크리트
건축면적 : 229.88 m^2
1층 면적 : 129.72 m^2
2층 면적 : 100.16 m^2

지붕마감재 : 평지붕마감
외벽마감재 : 포세린타일
포인트자재 : 포세린타일
벽체마감재 : 도장마감
바닥마감재 : 강마루, 폴리싱타일, 포세린타일
창호재 : 이건 알루미늄 3중 시스템창호

예상 총 건축비 _
525,000,000 원

· 부가세 포함, 산재보험료 포함
· 설계비, 인허가비, 구조계산 설계비 별도

설계비 _
14,000,000 원 (부가세 포함)

인허가비 _
7,000,000 원 (부가세 포함)

구조계산 설계비 _
7,000,000 원 (부가세 포함)

인테리어 설계비 _
7,000,000 원 (부가세 포함)

건축비 외 부대비용 _
대지구입비, 가구 (싱크대, 신발장, 붙박이장)
기반시설 인입 (수도, 전기, 가스 등)
토목공사, 조경비 등

홈트리오 프리미엄 RC-HT70

70평의 넓고 넉넉한 면적으로 설계한 프리미엄 라인의 고급 주택 사례입니다.

공간별로 넉넉한 공간을 확보하고 단순히 잠만 자고 나오는 방의 공간이 아닌 그 공간 안에서 다양한 활동을 영위할 수 있는 그러한 공간으로 설계했습니다.
공간별로 막힘없는 느낌의 개방감을 중심으로 설계했으며 철근콘크리트조의 웅장한 느낌과 묵직한 느낌을 기반으로 'ㄷ' 자형 평면배치가 더욱 빛나게 계획한 주택입니다. 답답함이 싫고 넓은 공간과 탁 트인 개방감을 중요하게 생각하는 건축주님을 위한 프리미엄 주택이며 그동안 타 주택에서 느끼지 못한 고급스러움을 느낄 수 있는 모델이라 생각합니다.

벽돌이 아닌 타일을 외장재로 선정했을 때 가장 크게 주목받는 부분은 고급스러움입니다. 벽돌이 예스럽고 단단한 느낌을 위한 외장재라면 포세린 타일 등의 무광 타일 외장재는 깔끔하고 세련되며 고급스러운 느낌을 주는 외장재라 생각하면 편합니다. 다만 두께와 생산지, 재질에 따라 가격이 크게 차이 나며 벽돌보다는 비싼 외장재에 속하기 때문에 예산에 대한 검토 뒤 적용하는 것이 좋습니다.

철근콘크리트 공법을 적용한 만큼 각 공간의 너비에 대한 제약이 거의 없습니다. 넓고 웅장한 느낌이 들도록 공간을 설계했고 오밀조밀한 느낌이 아닌 시원한 직선 느낌의 개방된 공간으로 각 영역을 계획했습니다.

모던 스타일 단독주택을 설계할 때는 마감 디테일이 생명이라 할 수 있습니다. 어설프게 조금 튀어나오거나 선과 선이 만나는 면이 부자연스러우면 모던 스타일의 장점이 반감될 수밖에 없습니다. 저희도 설계 때뿐만 아니라 시공 때도 접합되는 면과 선 부분의 디테일을 신경 쓰고 외부 이미지가 내부에도 자연스럽게 하나로 이어질 수 있게 고려해서 계획합니다.

창문에 대한 문의가 많은데 영구적인 구조체인 알루미늄 바디의 이건창호를 기본으로 적용하고 있습니다. 맞다 틀렸다를 논하기 전에 건축가 입장에서 가장 확실하게 보장된 품질의 제품을 써야 한다는 것이 저의 지론입니다. 가격이 비싸니까 못쓴다고 하지만 이것도 상대적인 것 같습니다.

억 단위의 집을 짓는데 3~4천만 원의 창문 비용이 아까워 저렴한 창문으로 시공한다는 것은 오히려 높은 난방비와 하자를 불러일으키는 일일 뿐입니다. 단열, 창호, 방수 이 세 가지는 제가 말려도 더 좋고 확실한 브랜드의 자재를 사용하는 것이 추후 10년을 내다보았을 때 미래지향적인 선택일 것으로 생각합니다.

도심형 프리미엄 단독주택. 디자인 계획에서부터 입면과 내부 공간 구성까지 모두 프리미엄 주택을 위한 기준으로 진행한 설계안입니다. 넓고 큰 공간 구성을 원한다면 이번 주택 사례를 꼼꼼히 살펴보고 여러분이 지을 집에 적용할 수 있는 계기가 되었으면 좋겠습니다.

#프리미엄주택 #70평단독주택 #고급단독주택 #웅장함 #대형단독주택

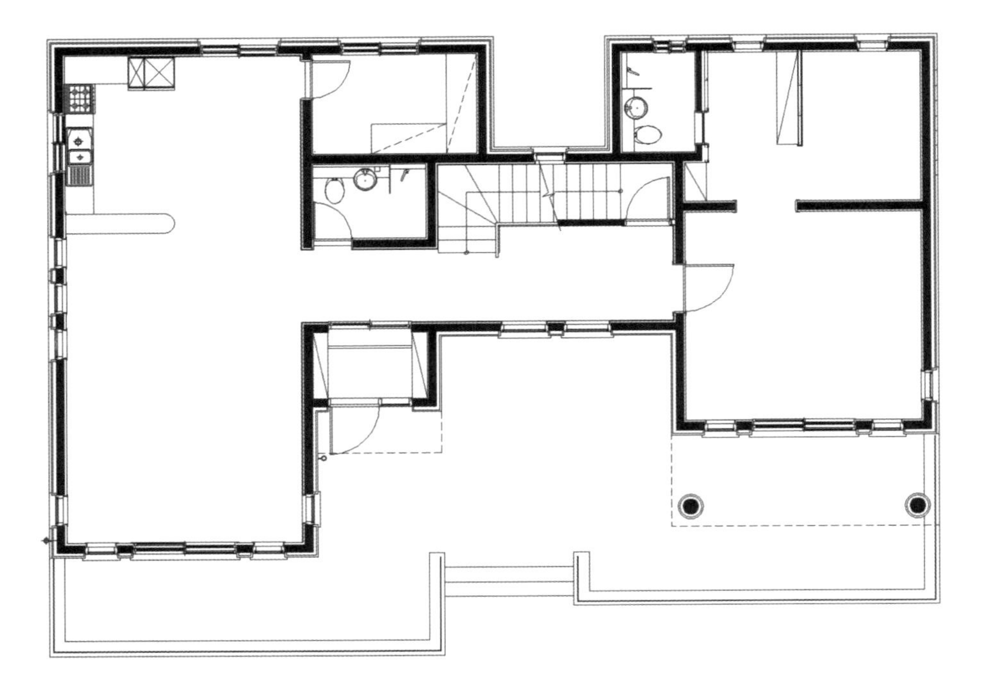

1F - 129.72 m^2

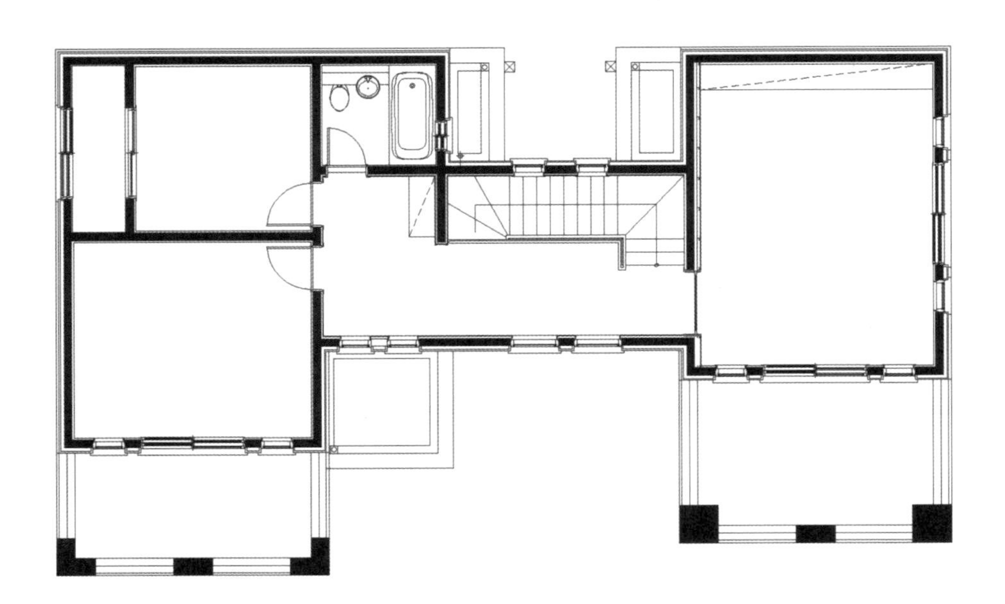

2F - 100.16 m^2

■ 이동혁 건축가

땅의 크기와 법적 기준인 건폐율에 따라 설계 방향도 달라집니다. 도심의 작은 대지에서 설계하는 공간 구성과 100평이 넘어가는 대지에서의 공간 구성은 다를 수밖에 없겠지요. 여러분도 설계하실 때 무조건 이게 좋다고 한쪽으로만 결정할 것이 아니라 내 땅에 맞게 다양한 사례를 검토해 보시는 것이 좋습니다. 가장 아쉬움이 남는 건축주님이 누구냐면 아파트가 편하니까 아파트 설계와 똑같이 해 달라는 분들입니다. 내 땅이 어떻게 생겼는지 상관없이 무조건 아파트 평면을 주장하는데 결국에는 원하시는 대로 해 드릴 수 있지만, 전문가 입장에서 봤을 때는 땅도 많이 낭비되고 어정쩡한 느낌의 집이 될 수밖에 없기 때문입니다.

■ 정다운 건축가

프리미엄 고급 주택 라인업 단독주택을 기획하고 설계할 때에는 공간을 좁게 구성하는 것이 아니라 큼직큼직하고 답답함이 없는 개방적인 공간으로 설계합니다. 60평 이상의 단독주택을 의뢰하시는 분들의 라이프스타일을 살펴보면 좁은 아파트에서 사시는 분은 거의 없습니다. 이미 대형 평수의 아파트에 사시는 분들이 많기 때문에 일반적인 공간의 방 사이즈가 아니라 그동안 살아오셨던 환경의 사이즈에 맞게 설계합니다.

■ 임성재 건축가

외장에 대한 부분의 문의가 많아요. 객관적인 입장에서 설명드리면 정답은 없습니다. 그리고 오염되지 않는 자재도 없습니다. 어떤 자재든 오염은 존재할 수밖에 없고 다만 눈에 덜 띄느냐 안 띄느냐의 차이일 뿐입니다. 남의 시선을 너무 생각하지 마세요. 여러분이 살고 싶은 집 그리고 원하는 느낌을 담아내면 그것이 아마 최고의 디자인이고 집일 것이라 생각합니다.

홈트리오 프리미엄 ZEN117

HOUSE **PLAN**

공법 : 경량목구조
건축면적 : 387.90 m²
1층 면적 : 193.95 m²
2층 면적 : 193.95 m²

지붕마감재 : 세라믹평기와
외벽마감재 : 세라믹사이딩
포인트자재 : 세라믹사이딩
벽체마감재 : 실크벽지, 도장마감
바닥마감재 : 이건 강마루, 폴리싱타일
창호재 : 이건 알루미늄 3중 시스템창호

예상 총 건축비 _
994,500,000 원

· 부가세 포함, 산재보험료 포함
· 설계비, 인허가비, 구조계산 설계비 별도

설계비 _
17,550,000 원 (부가세 포함)

인허가비 _
11,700,000 원 (부가세 포함)

구조계산 설계비 _
11,700,000 원 (부가세 포함)

인테리어 설계비 _
11,700,000 원 (부가세 포함)

건축비 외 부대비용 _
대지구입비, 가구 (싱크대, 신발장, 붙박이장)
기반시설 인입 (수도, 전기, 가스 등)
토목공사, 조경비 등

홈트리오 프리미엄 ZEN117

이국적인 느낌의 프리미엄 전원주택.
경량 목구조 공법으로 단열과 친환경성을 모두 잡은 고급 단독주택입니다.

세라믹 사이딩 외장 베이스에 세라믹 평기와 까지 모두 적용한 ZEN 스타일의 프리미엄 주택으로 설계했습니다. 이번 주택을 디자인하고 설계하면서 젊은 느낌의 모던한 이미지를 입혀주고자 노력했으며 목조 공법으로 설계하는 만큼 방수와 단열에 많이 신경 썼습니다.

1층과 2층이 하나의 주택으로 구성되어 있지만, 설계도를 자세히 보면 현관만 공유할 뿐 완전히 독립적인 공간 구성입니다. 현재 주택 트렌드의 하나로, 자녀들과 함께 사는 캥거루 주택 또는 듀플렉스 하우스의 개념으로 설계했기 때문입니다.

법적인 부분을 잠깐 짚고 넘어가면 우리가 쉽게 볼 수 있는 LH 필지, 즉 도심형 단독주택 단지에서는 다가구주택이 허가 나지 않습니다. 대부분 내부 조례로 1가구 즉 단독주택만 지을 수 있습니다. 이는 잘 가꾸어진 필지에서 난개발과 투기수요가 증가하는 것을 막는 방법 중의 하나입니다. 그러다 보니 자녀들과 함께 살아야 하는 분은 다가구 형태의 설계를 할 수 없어 난감해하시는 분이 많습니다.

다가구 주택의 설계 특징은 현관이 분리되어 있다는 것입니다. 설계도에 독립된 두 현관이 있다면 단독주택으로 인허가를 넣어도 다가구로 인식합니다. 다시 설명하면 일단 하나의 현관으로 진입한 뒤 층별로 문을 달아 공간을 나누는 간단한 설계 기법으로 2가구가 독립적인 생활을 할 수 있는 공간이 됩니다. 다만 인허가상 단독주택으로 1가구만 등록이 가능하며 다가구 형태의 인허가는 불가합니다.

이국적인 느낌의 외관을 만들기 위해서는 크게 두 가지 포인트가 필요합니다.

첫 번째는 지붕입니다. 그동안 한국에서 잘 접하지 못한 기와 및 세라믹 평기와에 확실한 경사도를 적용하면 그 자체로 눈길을 끄는 이국적인 주택이 됩니다.

두 번째는 창문입니다. 많은 사람이 외장재는 많이 신경 쓰면서 정작 가장 많은 면적을 차지하는 창문에 관해서는 간과하고 넘어갑니다. 입면의 이미지를 결정하는 중요한 부분 중 하나가 창문 디자인입니다. 창문을 크고 넓게 그리고 다양한 형태로 디자인하면 큰 비용 추가 없이 트렌디한 느낌의 주택을 만들 수 있습니다.

홈트리오 프리미엄을 기획하면서 다양한 설계도를 검토하고 해외의 사례를 많이 접하게 됩니다. 처음 집을 짓는 분은 인스타그램이나 페이스북 등의 SNS를 통해 해외 주택 사례를 많이 수집해 오는데요. 문제는 나라별로 라이프스타일이 다르고 주변 환경이 다르다는 것입니다.

한국은 더위와 추위가 함께 공존하는 환경이다 보니 무작정 큰 창문과 개방된 공간을 많이 만들 수 없습니다. 가장 당혹스러울 때가 현관도 없이 모든 벽이 창문으로 되어있는 해외사례를 들고 왔을 때입니다. 물론 설계는 해 드릴 수 있지만 덥고 추워서 못 사실 거예요.

한국의 현실에 맞게 설계하기를 권해드리며 해외사례도 좋지만, 국내 사례를 검토하면서 "왜 저 사람은 저렇게 설계했을까?"를 한 번쯤 고민해보시면서 여러분의 집을 설계하고 짓기를 바랍니다.

#일본주택 #ZEN스타일 #고급단독주택 #홈트리오프미리엄 #목조주택끝판왕

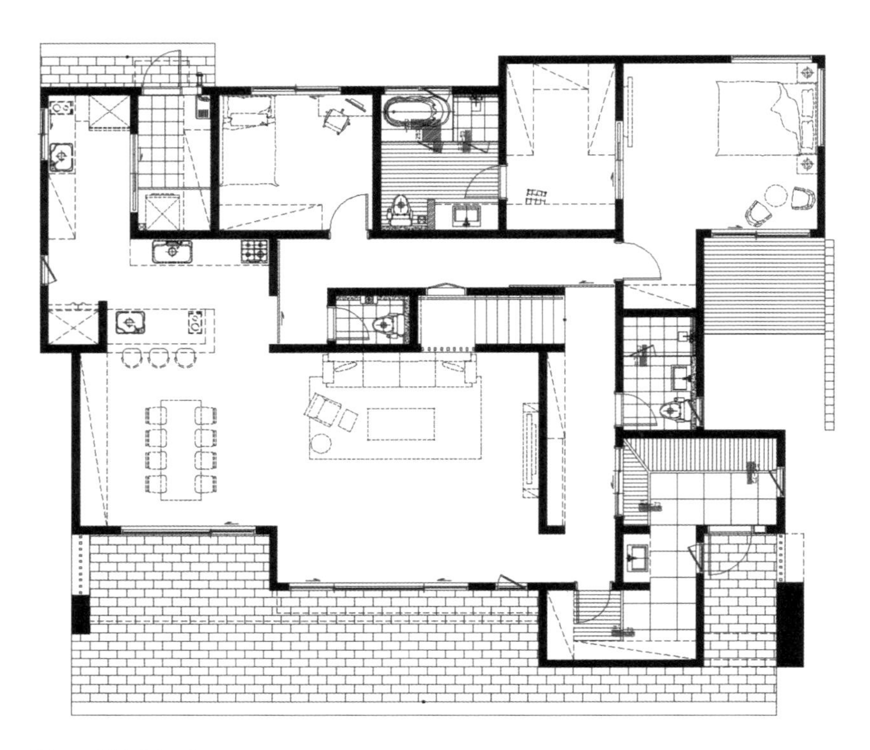

1F - 193.95 m²

2F - 193.95 m²

■ 이동혁 건축가

거실에서 동선이 분리되는 것이 아닌 실내에서 'ㄷ'자형으로 돌아가는 내부 복도 동선을 만들어 각 공간으로 프라이빗하게 진입할 수 있도록 설계했습니다. 이런 형태는 자칫 데드 스페이스를 증가시키는 요소로 작용할 수 있지만, 이번 주택은 돌아가는 동선의 중심에 화장실과 계단실을 배치해서 죽는 공간이 없도록 자연스럽게 유도했으며 이 복도가 거실 및 주방의 소음이 안방과 서재에 닿지 않도록 차단하는 역할도 합니다. 단순히 이동 공간의 역할뿐만 아니라 각 공간의 영역을 지켜주는 차단의 역할도 동시에 한다고 생각해주시면 되겠습니다.

■ 정다운 건축가

1층과 2층은 현관과 일부 복도만을 공유할 뿐 완전히 독립적인 생활이 가능한 평면으로 설계했습니다. 층별로 문을 설치해 프라이빗 존을 유지할 수 있도록 했으며 2층에도 별도의 거실과 주방을 마련해 사용에 불편함이 없도록 했습니다. 이 집은 듀플렉스 하우스 및 캥거루 하우스로 불릴 수 있는 주택이며 부모님 세대와 자녀 세대가 같이 거주할 수 있는 주택 모델로 설계했습니다.

■ 임성재 건축가

1층은 넓은 앞마당을 활용할 수 있으며 2층은 넓은 발코니 공간을 활용할 수 있습니다. 층별로 외부로 확장되는 공간을 확실히 구획해 주었으며 이를 통해 단순히 내부 공간에서 그치는 활동영역을 외부공간까지 확장시켜 정해진 면적보다 더 넓은 공간을 활용할 수 있는 효과를 주었습니다.

PART12

12월, 대설(大雪)

함박눈이 내리던 날

우리 집 앞마당에 함박눈 내리던 날.

춥다고 집에만 웅크리고 있을 수 있나요.

아이들을 두꺼운 옷으로 완전무장시키고
눈사람 만들러 출동합니다.

*추신 : 아이들을 동원해 앞마당 눈을 쓴 것은 놀이의 일종일까?

1201 _ 196평 철근콘크리트

의왕백운밸리 다가구주택 프로젝트 ver.1

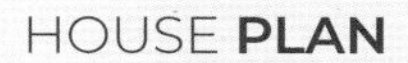

HOUSE **PLAN**

공법 : 철근콘크리트
건축면적 : 647.31 m²
1층 면적 : 19.73 m²
2층 면적 : 198.81 m²
3층 면적 : 198.81 m²
4층 면적 : 188.56 m²
옥상 면적 : 41.40 m²

지붕마감재 : 평지붕마감 (옥상활용), 리얼징크
외벽마감재 : 모노롱타일, 노출콘크리트 마감
포인트자재 : 모노롱타일
벽체마감재 : 실크벽지, 도장마감
바닥마감재 : 이건 강마루
창호재 : 이건 알루미늄 3중 시스템창호

예상 총 건축비 _

1,392,000,000 원

· 부가세 포함, 산재보험료 포함
· 설계비, 인허가비, 구조계산 설계비 별도

설계비 _
39,200,000 원 (부가세 포함)

인허가비 _
19,600,000 원 (부가세 포함)

구조계산 설계비 _
19,600,000 원 (부가세 포함)

인테리어 설계비 _
19,600,000 원 (부가세 포함)

건축비 외 부대비용 _
대지구입비, 가구 (싱크대, 신발장, 붙박이장)
기반시설 인입 (수도, 전기, 가스 등)
토목공사, 조경비 등

의왕백운밸리 다가구주택 프로젝트 ver.1

월간 홈트리오 12월호 첫 번째 모델은 다가구 주택입니다. 그동안 봤던 단층이나 2층 주택이 아니라 총 5가구가 거주할 수 있는 모델로 설계했습니다.

홈트리오에서 진행한 첫 다가구 주택 설계라는 것에 의미가 있으며, 단순한 수익성 모델에서 벗어나 유니크한 디자인이 돋보이는 주택으로 설계했습니다. 이 자리를 빌려 끝까지 저희를 믿고 주택을 맡겨주신 건축주님께 감사 인사를 전합니다.

이번 설계는 경기도 의왕시 학의동 의왕백운밸리 단독주택 필지에 지을 다가구 주택 프로젝트입니다. 일반적인 다가구주택이 아니라 모던하면서도 이 지역의 랜드마크로서 빛날수 있도록 설계했습니다.

그레이톤 모노롱타일을 베이스 외장재로 선정해 깔끔하면서 모던한 느낌을 넣으려 노력했으며 다양한 창문 디자인을 통해 획일적이지 않고 유니크한 입면을 만들려고 노력했습니다.

총 5가구가 들어가는 설계 사례로, 2층과 3층은 세를 주는 4가구로 구성했고 4층은 온전히 건축주님이 거주할 수 있는 공간으로 설계했습니다.

유니크한 입면과 개성 강한 평면구성으로 의왕백운밸리 단독주택 필지 내에서 독보적인 존재감을 뽐낼 것으로 기대합니다.

흔히 다가구주택을 보고 '집 장사들이 짓는 빌라'라고 합니다. 그래서 설계비 들이는 것에 야박하고 왜 그 돈을 들여 설계해야 하는지 이해를 못 합니다. 건축가인 저희는 다가구 주택 시장이 현재 어떻게 구성이 되어있는지 잘 알고 있기 때문에 건축주님이 하는 이야기를 너무 잘 이해하고 있습니다.

다만 다가구 주택이라고 해서 다 같은 설계와 시공이라는 생각은 안 하셨으면 좋겠습니다. 획일적인 설계도로 집을 지어 분양하는 것이 아니라 건축주 본인이 직접 거주하며 가꾸어 나갈 수 있는 집으로서 그리고 이 지역을 대표하는 랜드마크 주택 모델로서 만들려고 합니다.

집은 거주하는 사람의 삶의 질을 높여주는 매개체라고 생각합니다. 단순한 집, 그 이상을 넘어 항상 밝은 느낌을 줄 수 있는 포근하면서 멋진 공간이기를 바랍니다. 창을 열면 옆 건물의 벽이 보이는 빌라가 아니라 모든 세대에서 남향의 햇빛을 받을 수 있고 환기 통로가 되어 줄 복도를 남쪽과 북쪽으로 이어줘서 맑은 공기가 집 안에 흐를 수 있도록 계획했습니다.

이 집은 모든 창을 이건창호의 알루미늄 3중 시스템창호로 적용했습니다. 최고 수준의 단열 값을 갖춘 창호를 넣었고 외단열도 '가'등급의 단열재로 법적 기준보다 높게 설계했습니다.

여름에는 시원하고 겨울에는 따뜻한 집.

이번 다가구 주택은 여러 방면에서 매력을 듬뿍 품고 태어나 의왕백운밸리의 빛나는 랜드마크가 될 것으로 의심치 않습니다.

#의왕백운밸리 #의왕시다가구주택 #고급빌라 #고급타운하우스 #모던스타일

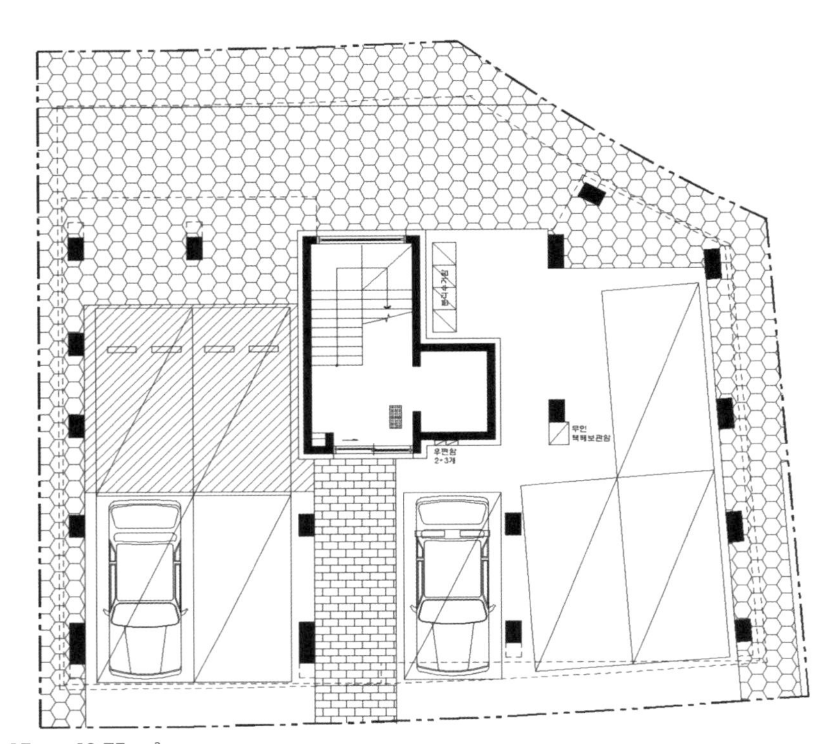

1F - 19.73 m²

2F - 198.81 m²

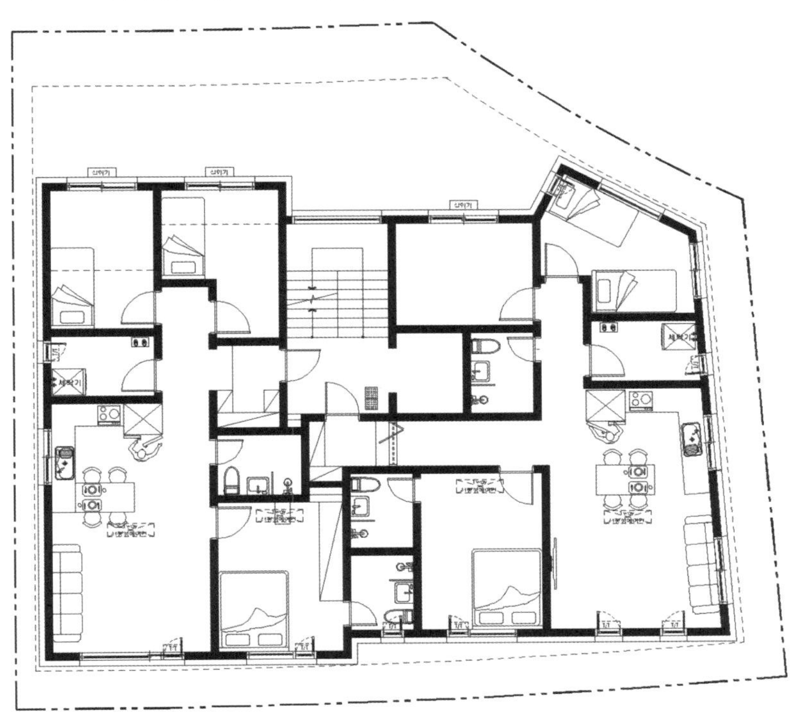

3F - 198.81 m^2

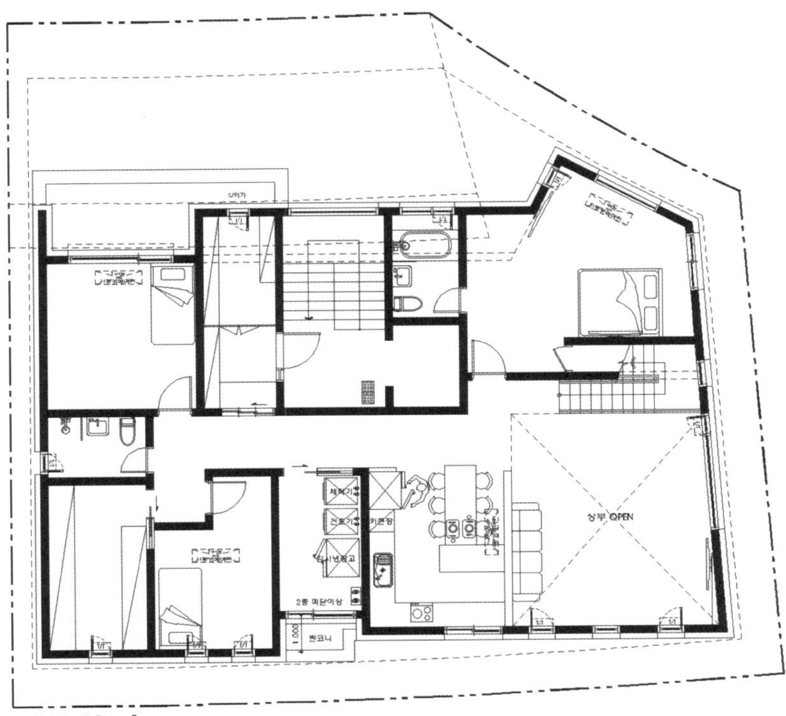

4F - 188.56 m^2

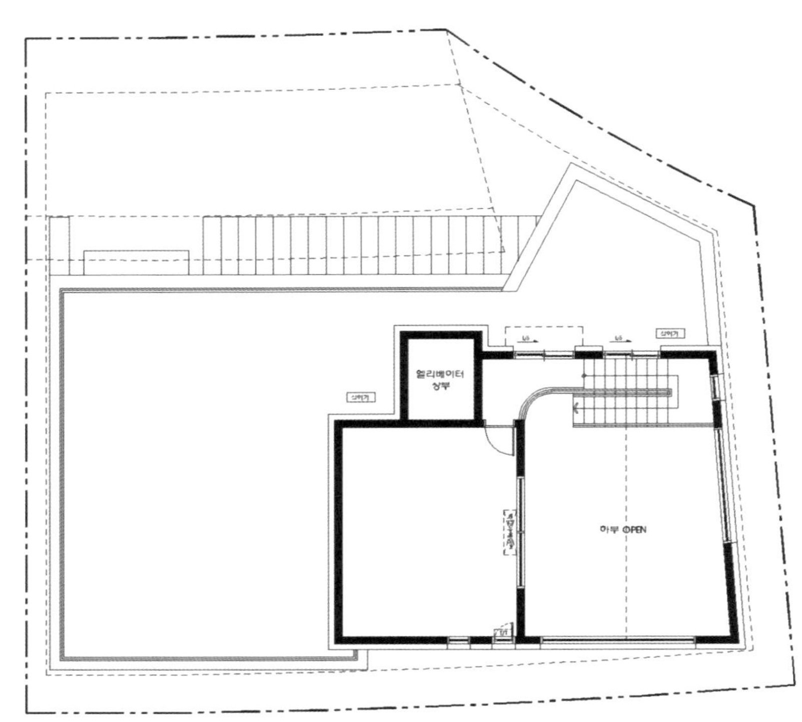

■ Roof - 41.40 m^2

이동혁 건축가

홈트리오에서 처음 설계한 프리미엄 디자인 다가구 주택 설계 안입니다. 최종 입면은 조금 변경됐지만 의왕백운밸리 내 최고의 랜드마크가 될 것을 의심치 않습니다. 일반적인 다가구 주택의 이미지에서 벗어나 유니크하면서 모던한, 젊고 트렌디한 느낌을 입면을 만들려고 노력했습니다. 세대 공간을 최대한으로 확보하면서도 창문과 매스를 디자인해 일반적이지 않은 주택으로 만들었습니다.

정다운 건축가

총 5가구가 입주할 수 있는 평면으로 설계했습니다. 2층과 3층은 층별로 2가구씩 총 4가구가 들어갈 수 있고 4층과 옥상층의 넓은 면적은 건축주님 세대가 사용할 수 있도록 계획했습니다. 마당이 없는 대신 옥상을 정원처럼 활용할 수 있도록 공간을 만들었습니다.

임성재 건축가

입면의 창문을 디자인할 때 너무 어지럽지 않으면서 밸런스 있는 느낌을 주려고 많이 고민했습니다. 정면의 창문을 일정한 패턴으로 구성하고 나머지 3면은 외부에서 봤을 때 이질적인 느낌이 들지 않도록 각 실에 맞는 크기로 세심하게 계획했습니다. 다가구 주택 사례 중 가장 밝고 개방감 있는 주택 설계 사례라고 생각합니다.

행복하우스 - 세종시 전원주택 프로젝트

HOUSE **PLAN**

공법 : 경량목구조
건축면적 : 139.74 m²
1층 면적 : 88.10 m²
2층 면적 : 51.64 m²

지붕마감재 : 아스팔트슁글
외벽마감재 : 스타코플렉스
포인트자재 : 파벽돌
벽체마감재 : 실크벽지
바닥마감재 : 이건 강마루
창호재 : 이건 알루미늄 3중 시스템창호

예상 총 건축비 _
277,200,000 원

· 부가세 포함, 산재보험료 포함
· 설계비, 인허가비, 구조계산 설계비 별도

설계비 _
6,300,000 원 (부가세 포함)

인허가비 _
4,200,000 원 (부가세 포함)

구조계산 설계비 _
4,200,000 원 (부가세 포함)

인테리어 설계비 _
4,200,000 원 (부가세 포함)

건축비 외 부대비용 _
대지구입비, 가구 (싱크대, 신발장, 붙박이장)
기반시설 인입 (수도, 전기, 가스 등)
토목공사, 조경비 등

행복하우스 - 세종시 전원주택 프로젝트

세종시 고운동에 지을 이번 주택 모델은 행복하우스라는 프로젝트 명의 단독주택입니다.
단열과 방수는 최고로 그리고 입면 디자인은 최대한 절약해서 실용주의와 가성비라는 키워드를 상징할 수 있는 주택으로 완성했습니다.

'가'등급 단열재와 이건 알루미늄 3중 시스템 창호를 적용해서 단열은 양보하지 않았고, 스타코플렉스 베이스와 안정감 있는 박공지붕으로 팔방미인의 얼굴을 가진 주택입니다.

건축가마다 설계하면서 추구하는 방향이 뚜렷합니다. 저희는 가성비와 실용주의에 초점을 맞춰 설계합니다. 단어가 어려울 수 있지만 쉽게 풀이하면 아낄 수 있는 부분은 확실히 아끼고, 써야 할 부분에 집중적으로 투자해서 따뜻하고 안전한 집을 짓는 것을 말합니다.

돈이 많으면 얼마든지 비싸고 좋은 자재로 시공할 수 있습니다. 하지만 우리의 현실이 늘 넉넉하지는 않죠. 이상과 현실 사이에서 타협하려면 무조건 내 마음에 드는 자재와 브랜드를 사용할 수는 없습니다. 그것이 가능하다면 돈이 정말 무진장 많다는 것이겠지요.

집을 설계하면서 집중할 부분과 조금 덜 신경 써도 되는 부분을 정해진 예산 안에서 스스로 결정해야 합니다. 건축비는 올라가면 올라갔지 내려가지는 않을 것입니다. 또한, 열심히 발품을 팔아도 정해진 시장단가는 크게 내려가지 않습니다. 그렇다면 결론은 이 많은 항목 중에서 정말 나에게 필요한 것에 좀 더 돈을 투자하고 그렇지 않아도 되는 부분에서 비용을 절약하는 방법밖에는 없습니다.

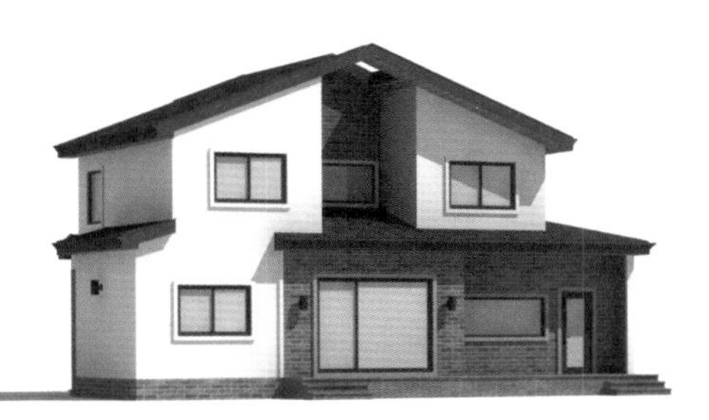

이번 주택은 세종시 고운동 단독주택 필지 내에 지을 주택입니다. 젊은 건축주님의 라이프스타일에 맞춰 크게 부담되지 않는 예산에서 설계를 마무리했으며 유지관리와 단열, 방수에 비용을 집중적으로 투자하고 외장재에서 욕심을 조금 덜어내 가성비 있는 주택으로 완성했습니다.

소형주택을 설계할 때는 어설프게 공간을 구분할 것이 아니라 공용공간을 확실한 오픈스페이스로 만드는 것이 중요합니다. 가끔 일본식 주택을 좋아해서 현관에 진입하자마자 벽이 있고 시각적으로 프라이빗하게 만든다고 이것저것 구성하는 분이 계신데 분명 후회하실 거예요. 한국의 주택은 거실과 주방이 중심입니다. 거실과 주방은 절대 개인 공간이 아닙니다. 어설프게 가리지 말고 확실하게 개방해서 답답함이 없도록 설계하는 것이 좋습니다.

개인 공간은 잠을 자는 안방과 침실입니다. 이 공간은 조금 가리고 층으로 분리해 독립적인 영역으로 만들어도 괜찮습니다.

"가성비 있는 주택을 꿈꾸시나요?"
어디에 집중하고 어떻게 디자인을 해야 내가 원하는 예산 안에서 집을 지을 수 있을지 오늘 내용을 보시면서 고민해 보시면 좋을 듯합니다.

#세종시고운동 #세종시단독주택 #고운동단독주택 #모던스타일 #세종시예쁜집

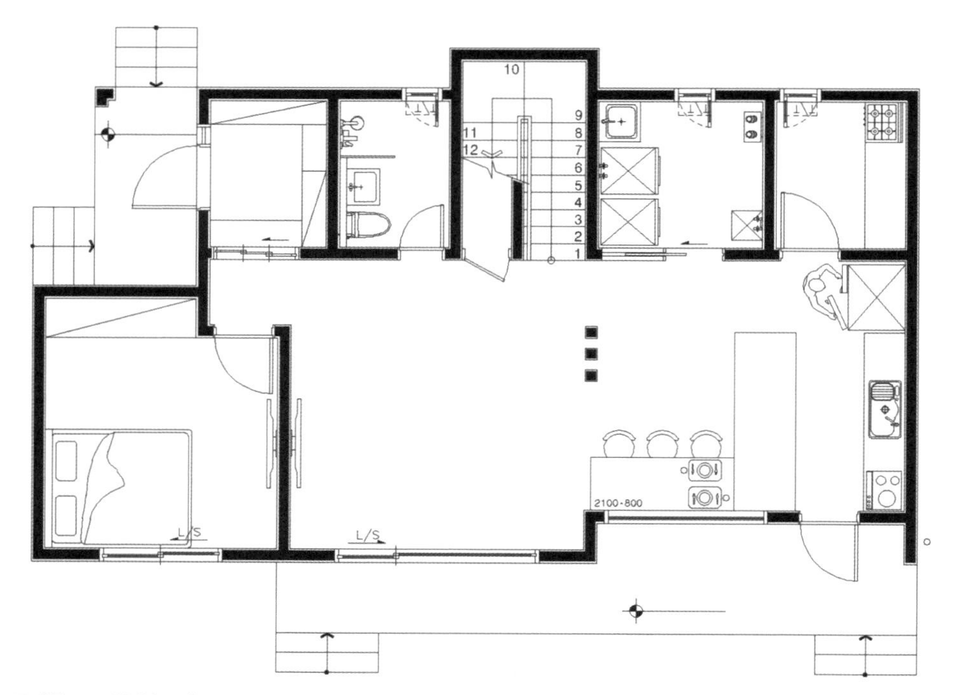

1F - 88.10 m²

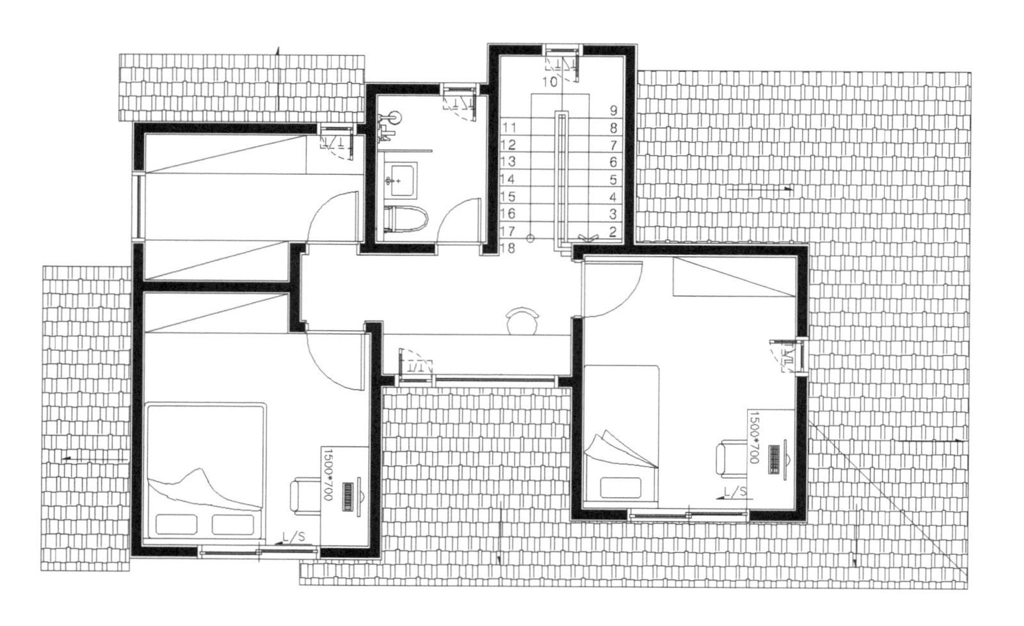

2F - 51.64 m²

■ 이동혁 건축가

북쪽으로 도로가 나 있는 경우 무리하게 현관을 중앙에 만들지 않아도 됩니다. 이번 주택처럼 남쪽에 앞마당이 있고 도로를 북쪽으로 둔 땅이라면 뒤편 주차장에서 바로 진입할 수 있는 측면 현관을 고려하는 것이 좋습니다. 현관 진입 후 거실과 주방까지 이어지는 탁 트인 공간에서 압도적인 개방감을 느낄 수 있으며, 크지 않은 평수지만 거실이라는 공간과 주방, 식당이라는 공간을 하나의 공간으로 보이게 설계하면 답답함 없는 내부 공간으로 완성할 수 있습니다.

■ 정다운 건축가

현관을 기본 크기보다 0.5평 정도 더 크게 만들 수 있다면 좀 더 쾌적한 공간이 됩니다. 생각보다 많은 분이 현관은 좁게 해도 된다고 생각하지만, 현관은 집에 들어올 때 가장 먼저 만나는 공간입니다. 다시 말해 집의 분위기를 충분히 좌지우지할 수 있는 공간입니다. 조금 더 공간을 할애해 주고 간접 조명이나 가구 등으로 포인트를 준다면 현관은 단순히 지나가는 공간이 아닌, 집의 첫인상을 결정하는 중요한 공간으로 변모할 수 있습니다.

■ 임성재 건축가

지붕에 대한 논란이 많은 것으로 알고 있습니다. 목조주택에서 옥상은 절대 불가능합니다. 그리고 경사 지붕을 통해 물매를 확실히 주고 처마를 확실히 만들어 집이 숨을 쉴 수 있는 벤트 공간을 만들어야 한다는 것. 집에 문제가 생길 수 있는 부분은 시공하며 잡을 것이 아니라 처음 설계 때부터 잘해야 합니다. 시공 백날 잘해봤자 설계가 엉망이면 시공자의 기술이 아무리 뛰어나도 집은 엉망이 됩니다. 너무 디자인만 신경 쓸 것이 아니라 집의 기본을 지키면서 설계하고 디자인하시기를 바랍니다.

1203 _ 30평 경량목구조

엄마를 위한 집을 짓다

HOUSE **PLAN**

공법 : 경량목구조
건축면적 : 97.68 m^2
1층 면적 : 58.01 m^2
2층 면적 : 39.67 m^2

지붕마감재 : 아스팔트쉬글
외벽마감재 : 스타코플렉스
포인트자재 : 파벽돌
벽체마감재 : 실크벽지
바닥마감재 : 이건 강마루
창호재 : 이건 알루미늄 3중 시스템창호

예상 총 건축비 _

182,500,000 원

· 부가세 포함, 산재보험료 포함
· 설계비, 인허가비, 구조계산 설계비 별도

설계비 _
4,500,000 원 (부가세 포함)

인허가비 _
3,000,000 원 (부가세 포함)

구조계산 설계비 _
3,000,000 원 (부가세 포함)

인테리어 설계비 _
3,000,000 원 (부가세 포함)

건축비 외 부대비용 _
대지구입비, 가구 (싱크대, 신발장, 붙박이장)
기반시설 인입 (수도, 전기, 가스 등)
토목공사, 조경비 등

엄마를 위한 집을 짓다

2020년 월간 홈트리오 장기 프로젝트의 대미를 장식할 모델입니다. 1년이라는 긴 시간 동안 저희와 같이 호흡하며 달려와 주신 모든 건축주님께 이 자리를 빌려 감사 인사를 전합니다.

엄마와 둘이, 함께 거주할 집. 크지도 작지도 않은, 우리 가족에게 최적인 공간과 면적. 두 건축주님을 위한 행복하우스의 설계를 완성했습니다.

30평의 소형주택이기 때문에 무리해서 방을 늘리지 않고 2개의 방만 만든 뒤 나머지 공간은 공용공간으로 활용할 수 있게 설계했습니다.

삼각형 모양의 한계가 있는 대지에서 풀어낸 이번 주택 프로젝트는 협소 주택 및 소형주택을 2층으로 만들 건축주님께 많은 아이디어를 드릴 수 있는 프로젝트입니다.

화이트 톤의 스타코플렉스 베이스에 블랙 도장한 창문을 포인트로 넣어서 별다른 포인트가 없어도 예쁘고 멋진 집으로 디자인했고 집을 'ㄱ' 자형으로 배치해서 삼각형 대지의 한계를 자연스럽게 풀었습니다. 데드 스페이스 없게 공간을 설계해 낭비되는 건축비 없이 알차게 설계한 집이라고 평하고 싶습니다.

목조주택을 설계하고 디자인할 때 가장 중요하게 생각하는 부분은 지붕입니다. 지붕의 모양에 따라 집의 분위기가 달라지며 전체적인 스타일을 결정짓는 가장 큰 요소 중 하나이기 때문입니다. 모던하게 스타일로 디자인한다고 무조건 박스형으로 만들면 안 됩니다. 많은 분이 하는 실수가 전체적인 밸런스를 무시하고 무조건 박스형으로 디자인하는 것입니다. 그 결과 집이 아닌 창고처럼 보이는 말도 안 되는 입면이 나옵니다. 박공지붕으로 디자인해도 1층에서 봤을 때 충분히 모던스타일로 보이게 할 수 있습니다.

우리는 항상 조감도나 투시도처럼 멀리서 본 이미지로만 집 전체를 판단하려고 합니다. 하지만 실제로 우리가 접하는 부분은 현관이나 마당에 진입해서 보는 집의 일부분일 뿐입니다. 실제로는 집 전체를 한눈에 담을 수 없고 극히 일부분에서 집의 이미지를 느낀다는 것입니다.

집에 들어오는 현관에서 첫인상으로 정갈한 면과 선을 느낄 수 있다면 다른 어떤 요소와 상관없이 이 집을 모던스타일로 느낀다는 뜻입니다.

꼭 명심하셔야 합니다. 어설프게 부분마다 손댈 것이 아니라 항상 전체적인 디자인 밸런스를 고려해서 설계해야 하며 너무 덕지덕지 붙이고 오리게 되면 원래 이 집의 고유한 장점은 사라지고 애매한 주택이 된다는 것을 말입니다.

소형주택이나 협소 주택은 참 설계하기 까다롭습니다. 하지만 한계가 명확한 땅에서 문제를 해결하고 답을 찾아낸다면 그 어떠한 집보다 빛나는 집으로 태어나리라 생각합니다. 포기하지 마세요. 여러분도 충분히 멋진 집을 지을 수 있습니다.

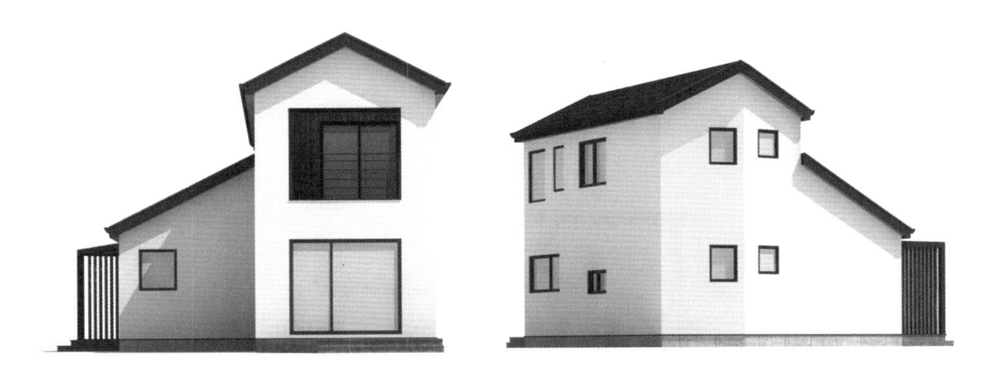

#삼각형대지 #엄마를위한집 #세컨하우스 #최고의가성비 #협소주택

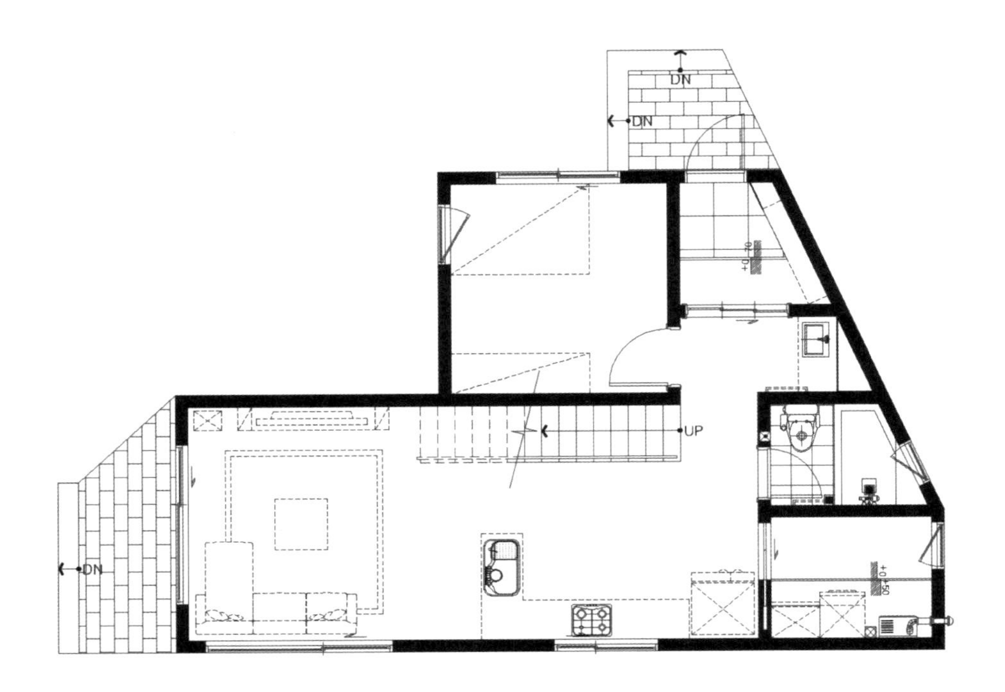

1F - 58.01 m²

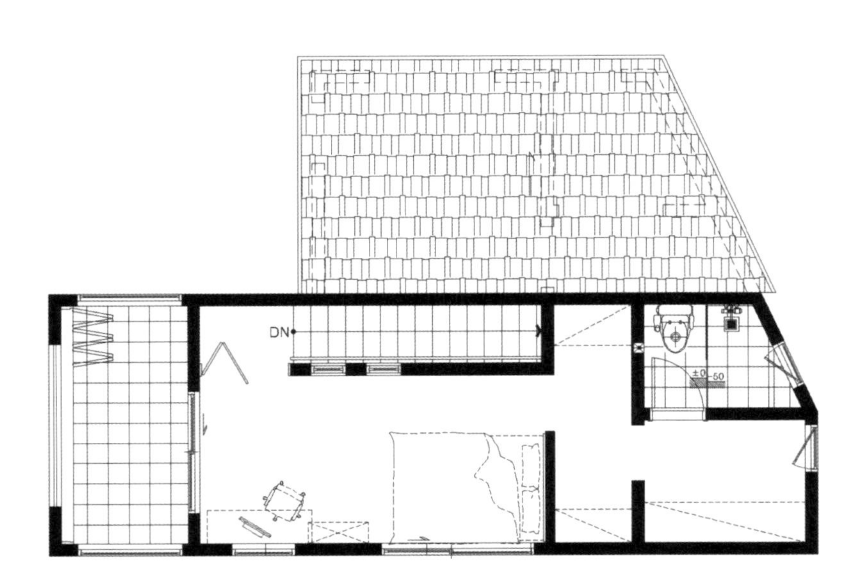

2F - 39.67 m²

■ 이동혁 건축가

30평 주택을 2층으로 만든 보기 드문 프로젝트였습니다. 보통 35평 이상이여야만 2층으로 올려드리거든요. 설계 미팅 시 건축주님과 충분히 협의해서 공간별 장단점을 이해시켜드렸으며 한계가 명확한 대지에서 최대의 효과를 내기 위해 다양한 고민을 했습니다. 그 결과 아기자기한 공간들이 30평에 콤펙트 하게 들어갔으며 엄마와 아들이 살기에 꼭 맞는 건축주님만의 집으로 완성했습니다.

■ 정다운 건축가

지붕은 간결하게 디자인하는 것이 좋습니다. 꺾이는 부분이 많을수록 하자가 발생할 여지가 많아진다고 생각하면 됩니다. 가장 안정적이며 입면의 밸런스를 유지할 수 있는 박공지붕을 베이스로 외쪽지붕을 혼합 사용하여 모던하면서 유니크하게 입면을 완성했으며 경사가 확실하기 때문에 많은 눈이나 비가와도 배수에 대해 걱정하지 않아도 됩니다.

■ 임성재 건축가

건축에서 복도는 이동만을 위한 공간으로 주택 설계에서는 '데드 스페이스'로 불리기도 합니다. 필요한 공간이지만 많아지면 많아질수록 동선이 길어지고 이동만을 위한 죽은 공간이 되기 때문이지요. 특히 소형 평수의 주택설계에서는 이 복도를 어떻게 줄이느냐에 따라 각 공간의 면적이 커지거나 줄어들게 됩니다. 이번 주택은 이 공간을 줄이기 위해 각 영역을 층별로 구분했습니다. 또한, 2층은 계단실 바로 앞에 폴딩도어를 설치해 2층 자체를 하나의 영역으로 인식하게 했습니다. 2층에 방은 한 개지만 드레스룸과 파우더룸, 화장실, 발코니까지 만들어서 독립적인 원룸 형태로 설계했다고 생각하시면 좋을 것 같습니다.

Hidden Page 07

나만의 작은 집

30평 인테리어 제안

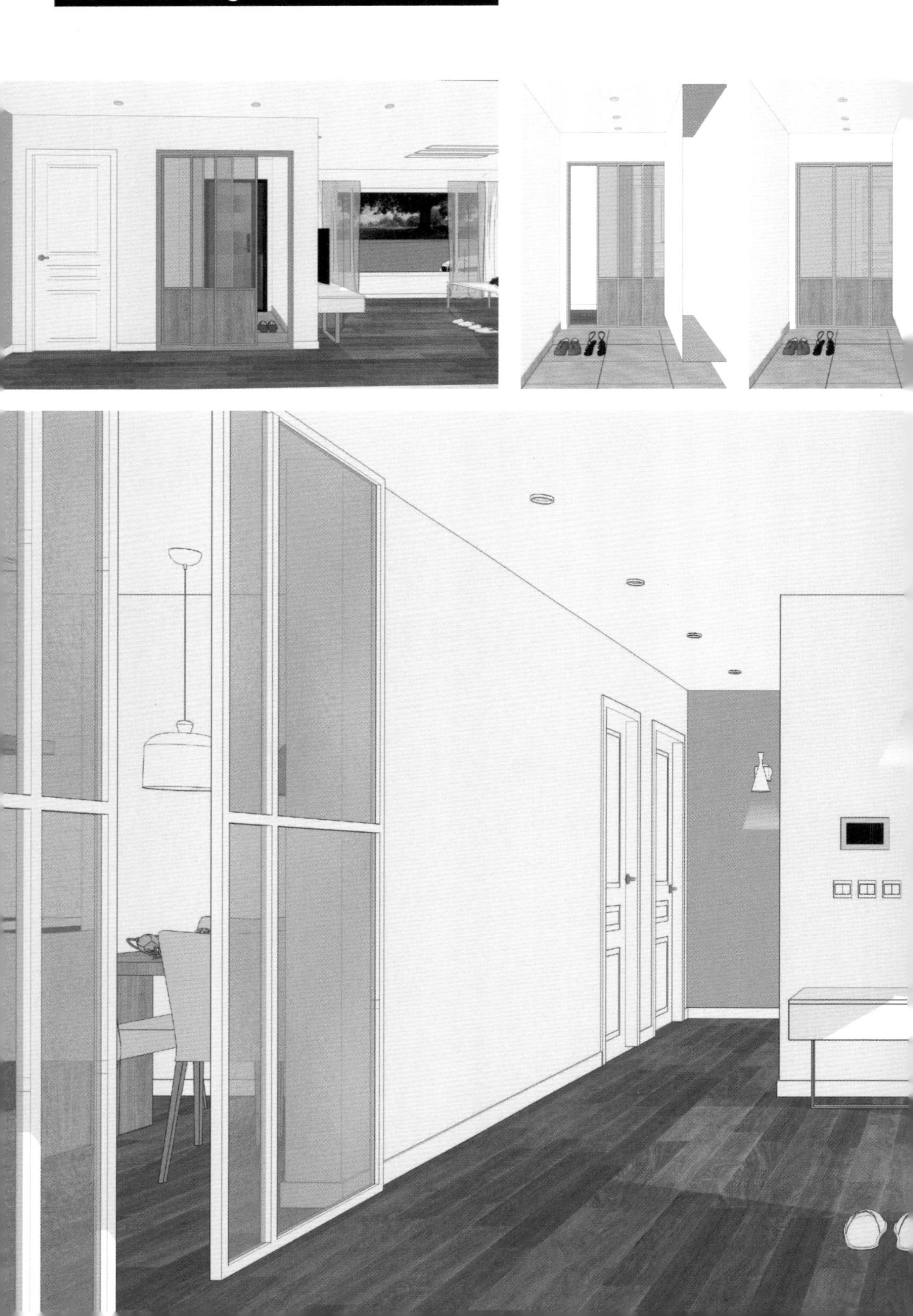

BREAD
BREAD

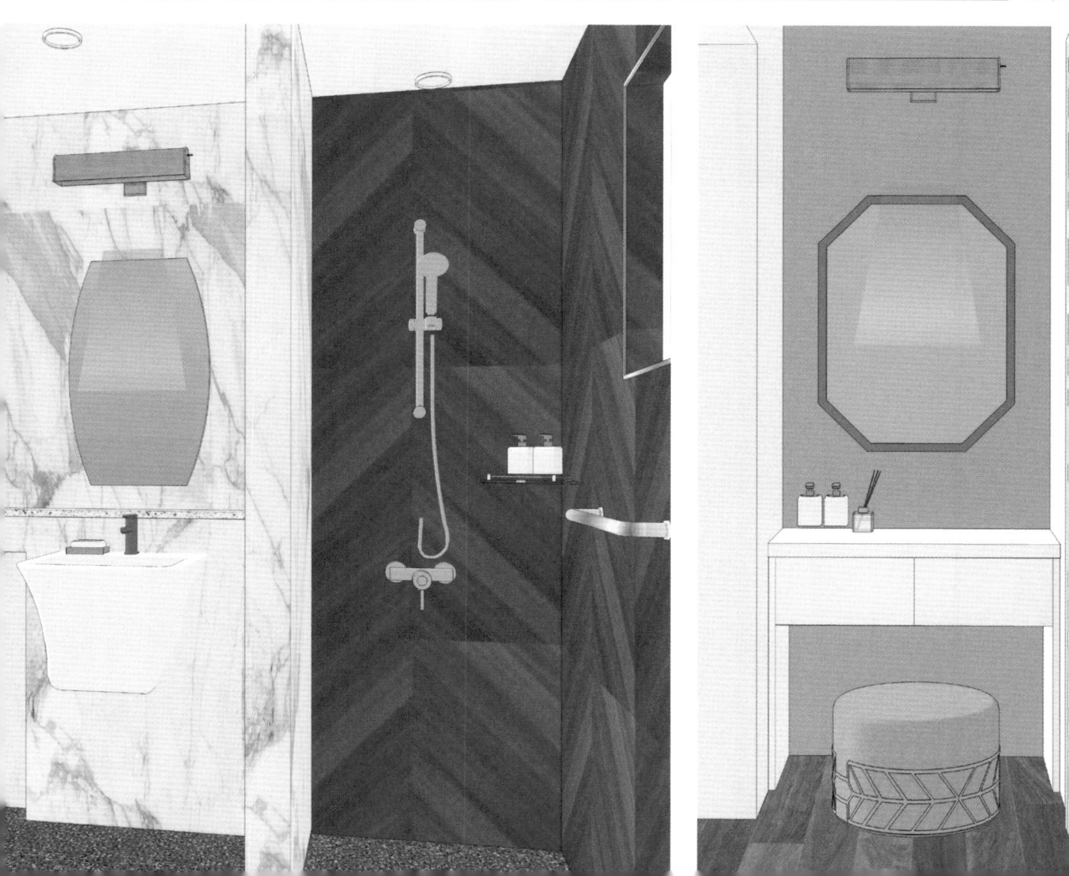

Hidden Page 08

부모님을 위한 선물

35평 인테리어 제안

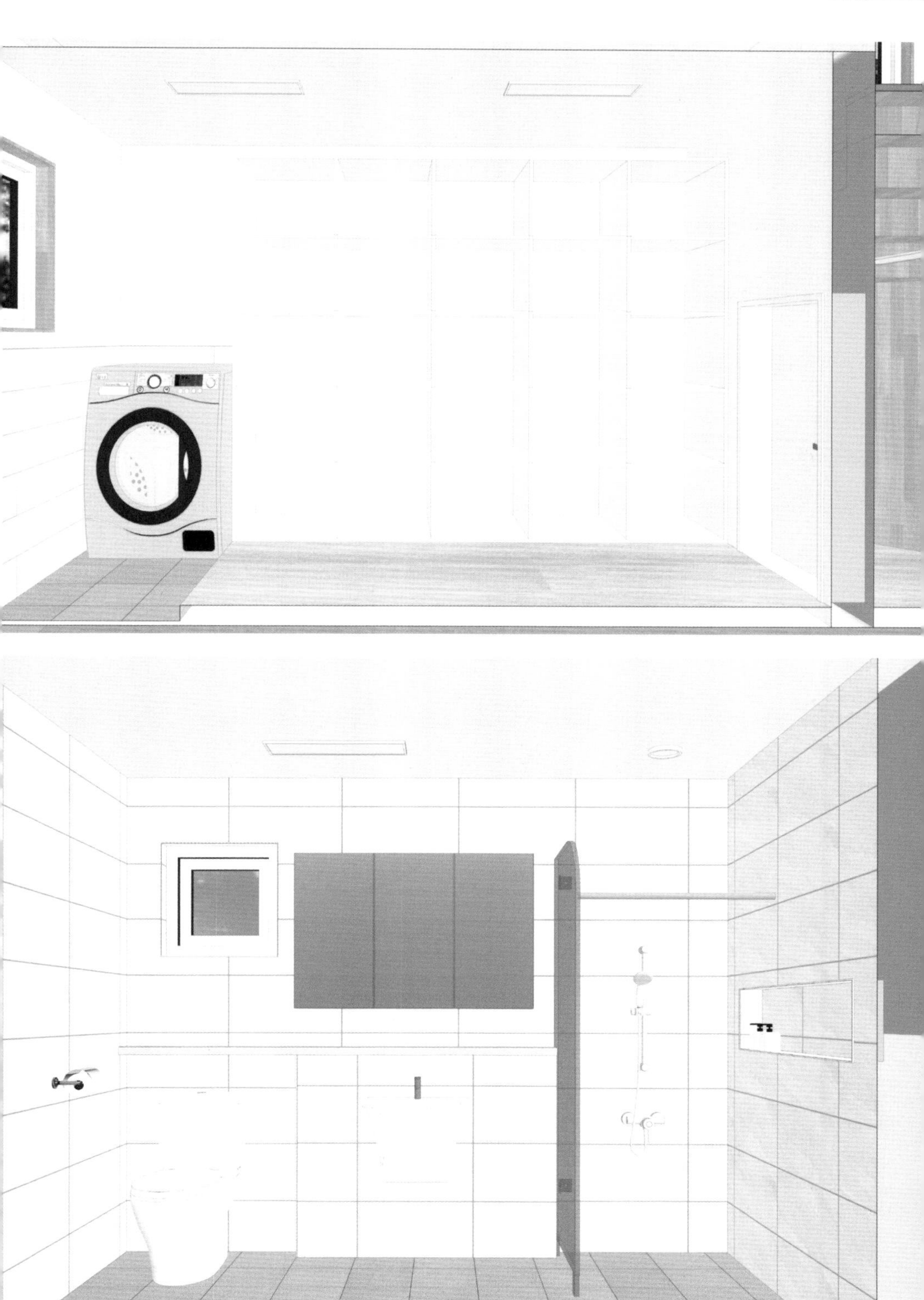

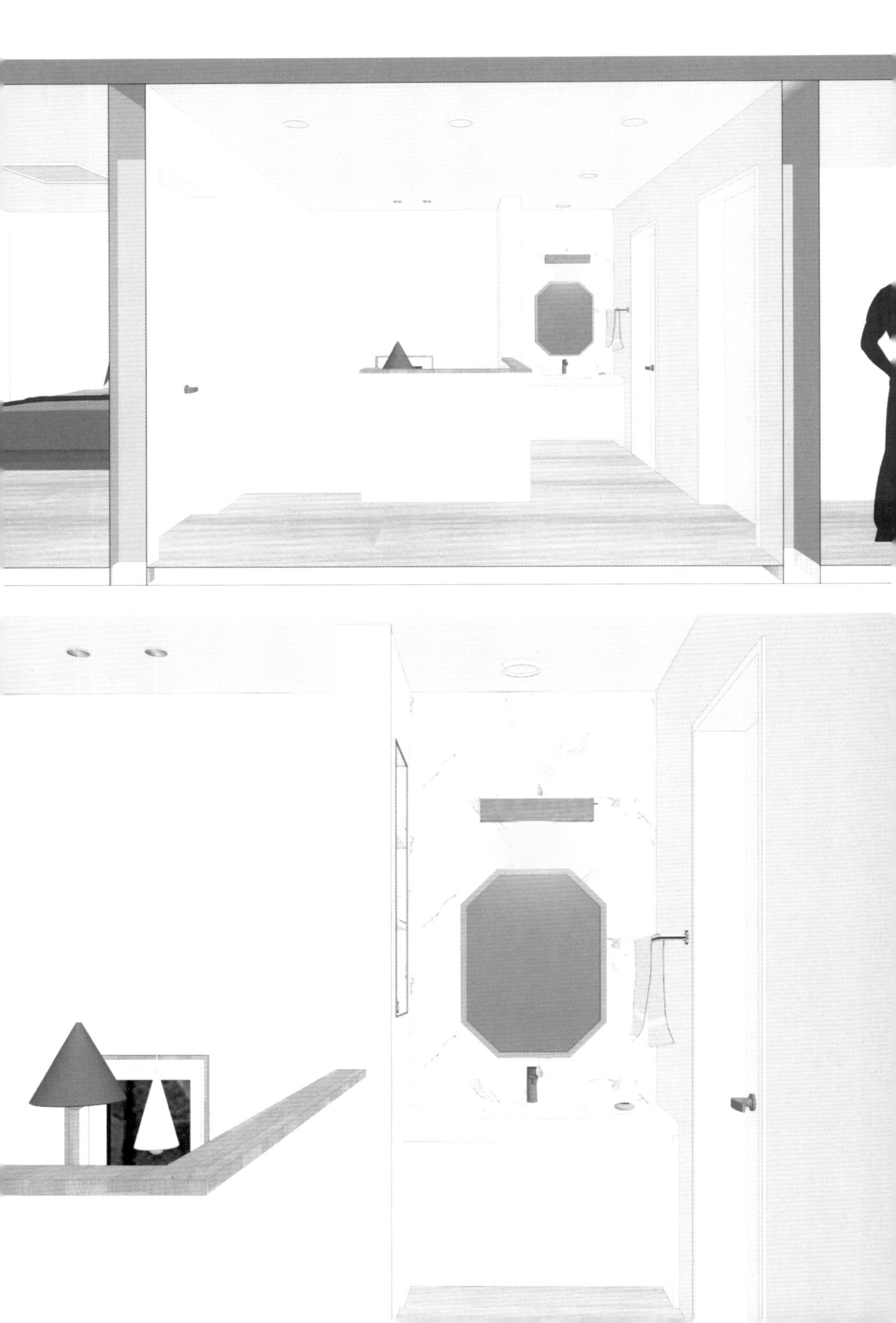

눈을 이리 굴리고 저리 굴려서
동그란 얼굴과 몸통을 만들고,

나뭇가지들을 주워 눈, 코, 입을 만들면
비로소 완성되는 이상한 눈사람.

괜찮아요.

예쁘지는 않지만 온 가족이 우리 집 앞에
눈사람을 만들었다는 것에 의미가 있잖아요.

HOME
TRIO

에필로그

이렇게 또 1년이 지나가네요.

5번째 책을 내다보니 이제는 항상 출간과 함께 1년을 마무리하는 것 같습니다.

건축가로 사는 삶.

솔직히 TV에서 보여주는 멋진 삶은 분명 아니에요. 매일 밤새고 끝없이 수정하면서 답이 없는 장소에서 정답을 만들어 내야 하는 창작의 고통.

하지만 건축을 업으로 삼고 10년이라는 시간을 달려올 수 있었던 것은 집을 짓고 난 뒤 느껴지는 값진 '보람'이 있었기 때문입니다.

"저희는 모든 분이 만족할만한 집을 짓지 않습니다."

다시 말하면 아파트처럼 획일적인 집을 짓는 건축가가 아니라는 뜻입니다. 오로지 건축주님 가족만을 위해 고민을 하고, 건축주님의 라이프스타일만을 고려하여 집을 설계합니다.

저희가 설계한 집이 마음에 안 들 수 있어요. 그리고 이상하게 보일 수도 있을 거예요.

하지만 그건 당연한거에요.

"이 집은 건축주님과 건축주님 가족만을 위해 지은 집이거든요."

모든 사람이 만족하는 집을 짓는 것은 저희의 건축 철학과 맞지 않습니다.

'모든 사람이 만족하는 집?'

이 말이 가능해지려면 아마 모든 사람이 똑같은 티와 똑같은 바지를 입는 세상이 돼야 할 거예요.

나만의 공간을 가지는 꿈.

우리 가족과 함께 지낼 따뜻한 보금자리를 짓는다는 것.

꿈을 현실로 이루는 과정.

그 과정이 쉬울 것으로 생각하시나요?

만약 그 꿈을 이루는 과정을 쉽게 생각하고 계신다면 지금이라도 포기하시는 것이 좋을 거예요. 집 짓는 일, 엄청 힘들거든요.

세상이 바뀌고 기술이 많이 발전해도 바뀌지 않는 것!!

바로 '집 짓는 일이 힘들다는 것'

프롤로그에도 이야기했지만, 집 짓는 거 절대 쉽지 않은 길일 거예요. 10년은 아니지만 3년은 늙으니 각오하고 도전하셔야 해요.

하지만 그 힘든 길을 저희가 같이 걸어줄 수는 있어요.

'동행'

혼자서 가는 길은 힘들지만, 같이 걸어가 주는 사람이 있고 그 사람이 길잡이 역할을 해준다면…

조금은 안심하고 즐겁게 갈 수 있지 않을까요?

저희는 생각합니다.

그리고 소망합니다.

'갑'과 '을'의 관계로 길을 걸어가는 것이 아니라 '신뢰'와 '믿음'으로 서로 의지하며 곁에서 함께 걸어가기를요.

집을 짓는다는 긴 여정.

저희에게 그 곁을 내어 주시겠어요?

그럴 수 있다면 저희는 포기하지 않고 끝까지 이 긴 여정을 여러분과 함께할 것을 약속합니다.

힘내세요!

그리고 웃으면서 내가 지은 집에 들어가는 그 기쁨을 꼭 느끼시기를 바랍니다.

홈트리오(주)

이동혁 건축가, 임성재 건축가, 정다운 건축가 올림

부록_01

햇살 따스한 집

47평, 경북 양산 물금리

HOUSE **PLAN**

건축면적 : 154.63 m²
1층 면적 : 89.76 m²
2층 면적 : 64.87 m²

지붕마감재 : 아스팔트슁글
외벽마감재 : 스타코플렉스
포인트자재 : 파벽돌
벽체마감재 : 실크벽지
바닥마감재 : 이건 강마루
창호재 : 이건 알루미늄 3중 시스템창호

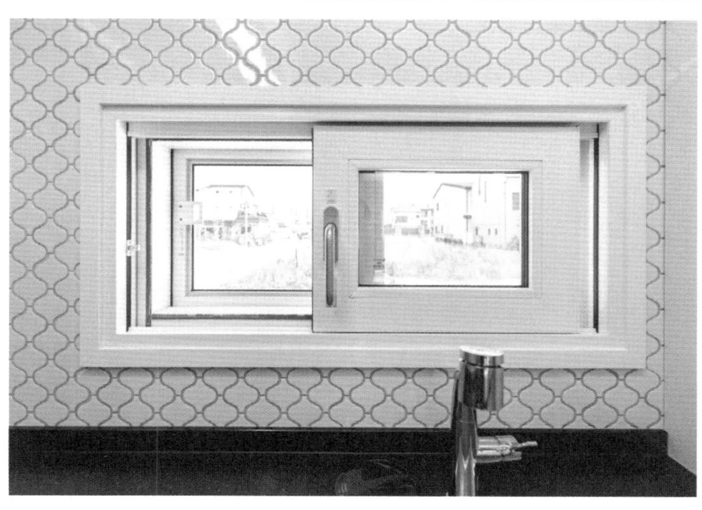

심플함에 젊음을 더하다

39평, 경북 안동 풍천면

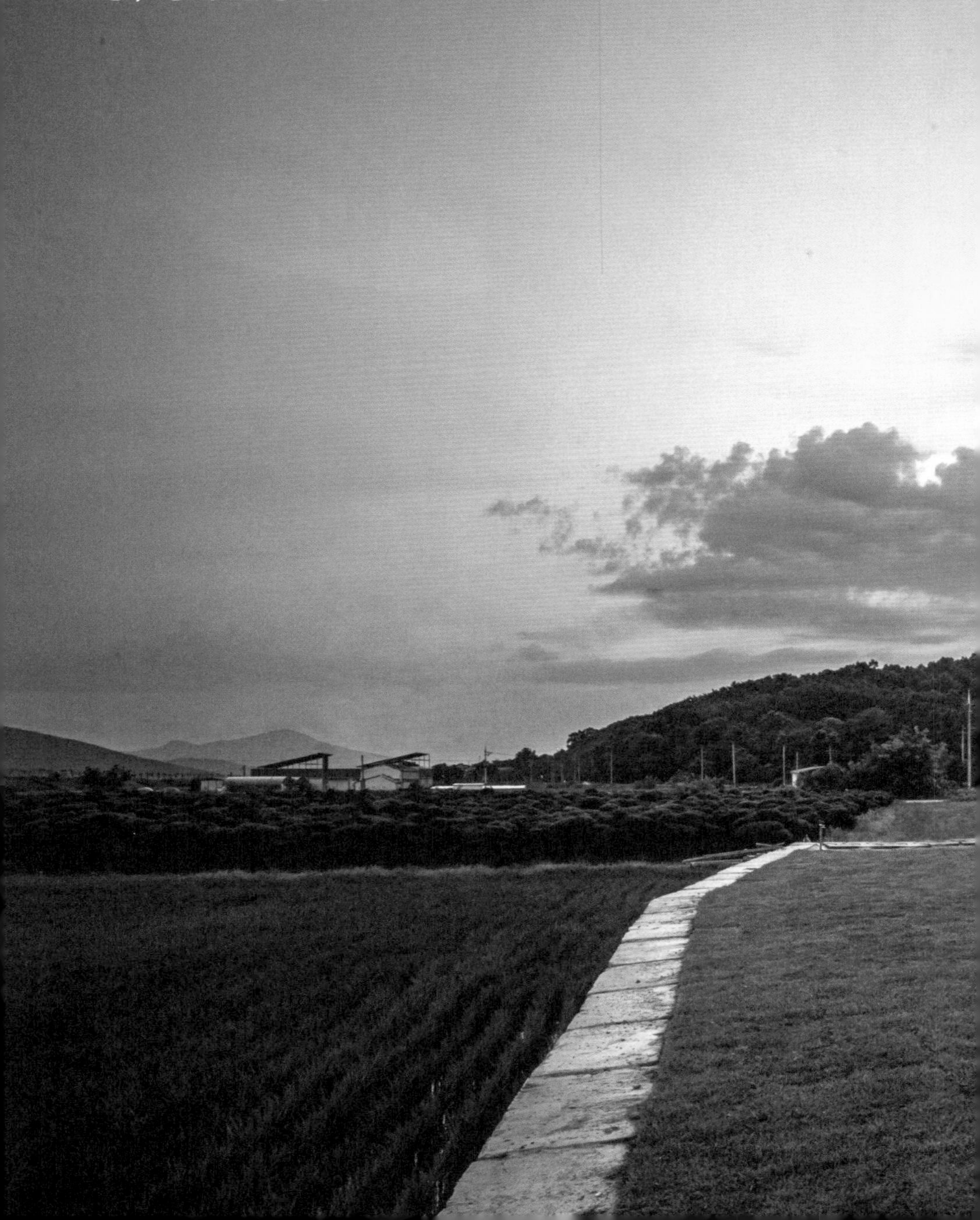

HOUSE **PLAN**

건축면적 : 128.09 m²
1층 면적 : 95.70 m²
2층 면적 : 32.39 m²

지붕마감재 : 아스팔트쉥글
외벽마감재 : 스타코플렉스
포인트자재 : 합성목재
벽체마감재 : 실크벽지
바닥마감재 : 이건 강마루
창호재 : 이건 알루미늄 3중 시스템창호

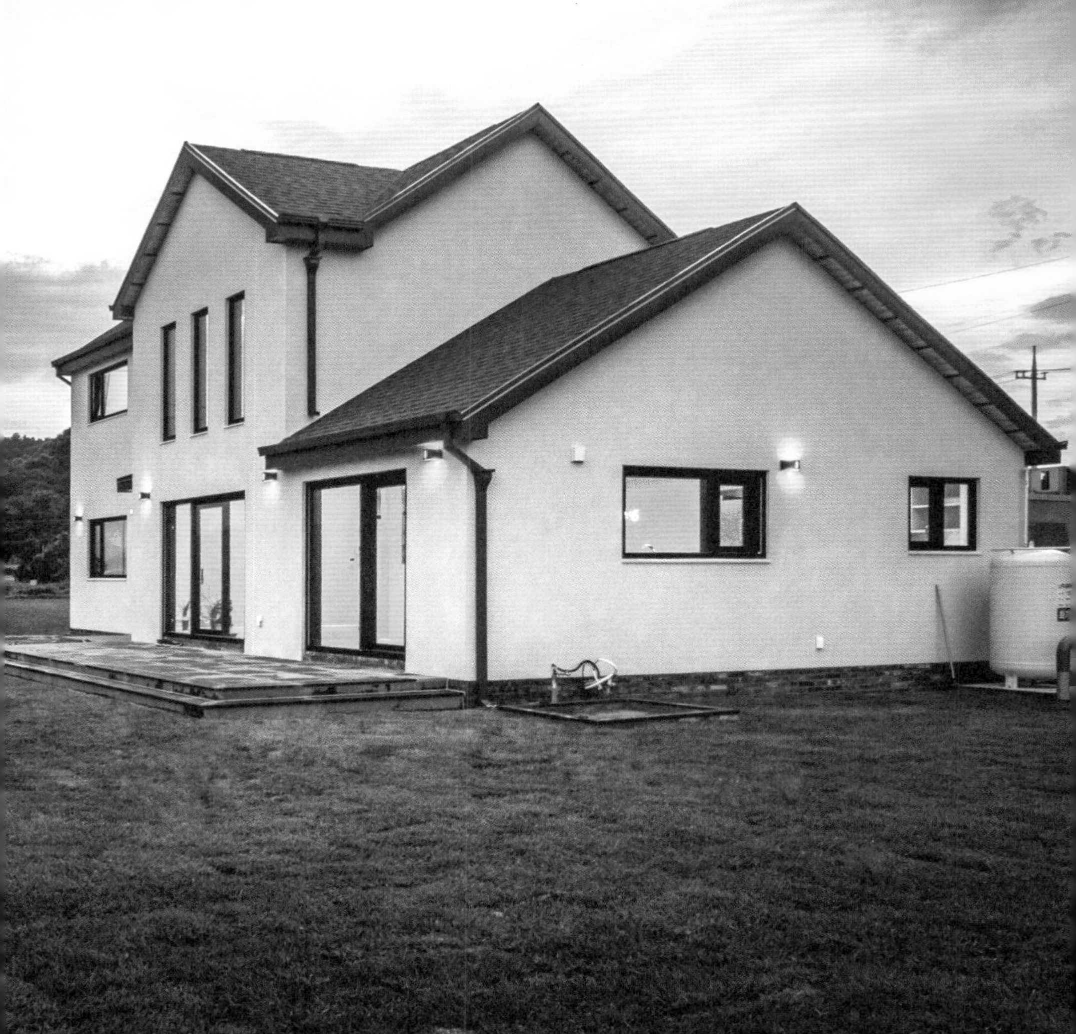

15:44

봄내 우러니골에 새로운 삶의 터전을 마련하면서...

- 감 사 편 지

60년 세월을 살아내는 것이 누구나 다 해낼 수 있는 일 같이 쉬울 듯하다. 그러나 돌이켜보면 짧지 않은 그 세월 동안의 삶이 얼마나 치열하고 격정적이었나를 새삼 깨달을 수 있는 시간이었다. 이렇게 긴 세월 동안 열심히 살아온 우리 부부에게 스스로 선물을 하는 방법은 어떤 것일까 하는 질문을 해왔다.

요즘 중년 남자들에게 가장 인기 있는 TV 프로그램이 "나는 자연이다"라고 한다. 대한민국 사람처럼 땅에 애착이 강하고 전원생활에 대한 열망이 많은 민족도 드물다고 한다. 하지만 그 열망을 실천에 옮긴다는 것은 사실상 여러 가지 여건을 갖춰야만 하고 용기가 필요한 일이다.

4년 전 여름 지인의 시골집을 방문하였다가 모양이 그럴듯한 땅이 나왔다는 것을 알고 망설일 것 없이 계약하고 잔금을 치르고 등기를 하였다. 물론 그 이전에 전국의 관심 있는 곳을 수시로 찾아 땅을 보기는 했지만, 마음에 드는 곳을 찾기가 그리 쉽지 않았다. 평소에 은퇴하면 시골에서 전원생활을 하고 싶다는 생각은 늘 갖고 있었지만, 많은 기회비용을 치러야만 한다는 것을 알고 있기에 선뜻 결정하기가 어려웠다. 수시로 토지의 종류와 우리가 살기에 가장 적합한 위치는 어디인지, 또 예산을 어느 정도 잡으면 되는지를 고민하고 또 고민하였다.

일단 땅을 구입하고 나니 어떤 형태로 집을 지어야 할지, 어떤 건축회사를 선택해야 할지에 대해 고민하고 정보를 수집하고 건축과 조경에 관련된 박람회에 수시로 찾아가 기웃거리게 되었다. 하지만 아직 은퇴하려면 6년이라는 시간이 남아있어 미리 집을 짓는다는 것이 낭비일 것 같다는 생각에 6평 농막 형태의 통나무 이동식 주택을 가져다 놓고 전원생활에 대한 준비를 차근차근하였다.

우리 부부는 교직에 30여 년을 몸담고 생활하면서 은퇴 후에는 시골에 전원생활을 하면서 그동안 누리지 못한 자연에서 평화롭게 노후를 보내고자 하는 목표를 가지고 있었다. 남들이 볼 때 교직 생활이 늘 편안하고 어려움이 없을 것 같아도 최근에는 다양한 민원과 수시로 발생하는 상상을 초월하는 어려움으로 심한 스트레스를 받아 정년을 채우지 않고 퇴직을 하는 교사가 많이 있다. 금요일 밤이면 무조건 짐을 싸서 1시간쯤 달려 시골에 도착하면 맑은 공기와 하늘에서 쏟아질 듯한 별들을 만날 수 있고 아침에는 찬란한 햇빛과 함께 새소리에 잠에서 깨어날 수 있다는 것만으로도 행복할 수 있었다. 그런 생활을 약 2년 정도 하다 보니 이제는 시골에서 잘 살 수 있다는 생각이 들어 본격적으로 거주를 할 수 있는 집을 지어야겠다고 생각하게 되었다.

그 이전부터 때가 되면 제대로 된 집을 지어야겠다는 계획을 하고 수시로 인터넷에서 여러 건축회사를 찾다가 홈트리오를 알게 되었다. 홈트리오의 홈페이지에서는 다른 회사와는 달리 건축에 드는 비용을 완전히 공개하고 다양한 형태의 설계도와 건축재료 등을 설명해 놓은 것을 보고 3년 정도의 시간 동안 계속 관심을 가지고 살펴보았다. 회사에서 제공하는 마음에 드는 디자인의 집을 사진으로 출력하여 사무실 책상 유리 밑에 넣어두고 매일 매일 이러한 형태의 집을 지어야겠다고 생각하였다. 그러나 큰돈이 들어가는 집을 짓는다는 것은 쉽게 결정할 수 없는 일이다. 2018년 가을에 어느 정도 자금 조달 계획이 수립되고 집을 지어야겠다는 결정을 한 후 홈트리오 회사를 방문하여 여러 가지 설명을 듣고 계약을 하였고, 그 이듬해인 2019년 4월 말에 착공을 하였다.

흔히 집을 짓는 일은 10년 늙을 만큼 어려운 일이라고 한다. 또한 직장에 매인 몸이라 집 짓는 동안 현장을 지키고 있을 수 없어서 내심 걱정이 많았다. 수십 년을 아파트 생활만 하면서 못하나 제대로 박지 못하고 하수구가 막히거나 전등이 고장 나면 사람을 불러 해결하는 생활만 해온 터라 과연 집을 짓고 제대로 잘 살 수 있으려나 하는 막연한 불안감도 있었다. 하지만 4월 말부터 시작한 집짓기가 8월 말쯤 완공이 되어가면서 우리 가족의 새로운 보금자리가 생겼다는 사실에 행복감을 느꼈다.

공사 현장에 가서 지키고 있어야 한다는 말은 기우에 지나지 않았다. 터를 파고 기초를 다지고 골조가 올라가면서 주말에만 와서 현장을 볼 수밖에 없는 우리의 걱정은 쓸데없는 것이었다. 골조를 담당하시는 분은 비가 오지 않을 때 조금이라도 더 일해야 한다며 주말에도 쉬지 않고 나와서 최선을 다해 일하셨고, 중간중간 공사대금을 입금하면 어김없이 국세청에서 대금 지급에 대한 부가세납부 증빙서류가 도착하고…

내부 공사가 시작되면서 인테리어 실장님과 함께 타일을 고르고 벽지를 고르고 조명을 고르는 일도 하나의 커다란 즐거움이었다. 요즘 사람들이 선호하는 아파트에서만 사는 사람들은 이러한 즐거움을 아마도 평생에 한 번도 느끼지 못할 것이라는 생각이 든다. 홈트리오의 젊은 세 분의 대표가 비가 새지 않고 따뜻한 집을 짓는 게 목표라고 했던 말이 실감 나게 느낄 수 있었다.

우리 가족의 라이프스타일에 맞는 설계를 하고 내가 원하는 인테리어를 하면서 앞으로의 인생을 내가 지은 집에서 살아갈 수 있다는 것만으로도 큰 축복이 아닐까 하는 생각을 한다. 이런 행복을 누릴 수 있는 것은 정직하고 성실한 건축회사인 홈트리오 덕분이라고 생각한다.

8월 중순에 심은 배추와 무 모종이 쑥쑥 자라 김장거리가 되고, 문걸어 놓고 먹는다는 가을 상추도 하루가 다르게 자라는 요즈음이 새로운 삶의 활력소가 되어 가고 있다. 지금과 같이 오갈 데 없는 코로나-19 상황에 청정지역인 우러니 골짜기에서 방음 잘되는 창문 닫아놓고 노래방 기계 볼륨을 높여 가족들과 모여 즐거운 시간을 보내는 것도 꽤 괜찮은 일인 것 같다.

2020년 8월 26일 강원도 춘천 우러니골에서 최성희